广州美术学院
学术著作出版基金
资 助 出 版

STYLE AS 风格 即
设计
DESIGN

杨帆 著

上海书画出版社

激活眼睛在事物外观中发现

形式意义的能力

自 序

在琳琅满目的图像无处不在的今天，人们对形式、视觉艺术和层出不穷的设计样式早已习以为常，但最熟悉的事物往往最陌生。我每每在美术馆遇到这样的观者，他们对图像的解读不是停留在"认出"艺术家再现的事物，就是满足于作品前的著录解说，甚至将艺术家的生平印迹和艺术作品相关联，仿佛没有那些不幸的遭遇，没有艺术家桀骜不驯的个性，就无法造就天才艺术家和伟大的作品。这类艺术作品的解读方式并未触及艺术的"形式语言"和"语法"，以至于观者无法辨别多样化的风格，了解不同风格的形式特征，认知艺术家如何凭借直觉和巧妙的构思打破陈规，创造出让世人惊叹的杰作。

在艺术实践领域，新兴技术带来的感官效果和沉浸性体验让人振奋激动。但是大量作品流于哗众取宠的效果，技术凌驾于构思，未能体现艺术的智性价值。为了让更多热爱艺术的人从形式主义的视角，看到过往大师作品的伟大，笔者在上海书画出版社袁媛编辑的启发下，将本人研究形式、风格和设计问题的博士论文，用更能激发大众对艺术语言感兴趣的方式改写出来。结合笔者对西方艺术观念史的粗浅研究，运用视知觉心理学原理，聚焦于古代、文艺复兴时期，以160多张艺术作品，380余张形式分析图、细节图，着重分析主导西方艺术2000多年发展的"线性特征风格"和"色彩特征风格"。

很多人努力成为星辰大海，却从未认真看过星辰大海。希望通过本书，能让艺术爱好者和笔者一样，从艺术的本体问题，即艺术语言（线条、色彩、质感、明度等）、艺术语法（即设计原理或形式法则）的层面，探索那些杰作伟大的原因，看到伟大作品中缜密的形式构思和层出不穷的创意，破除假象和虚妄的观念。在欣赏不同艺术风格美的过程中，获得不同层次的精神愉悦，打破工具理性对思维的束缚，甚至在潜移默化中，激发感受力、想象力和创造力。

本书得以面世，离不开一众师友的协助和鼎力支持。首先，要由衷感谢广州美术学院迟轲老师（1925—2012），他在20世纪80年代，带领包括我的硕士研究生导师邵宏在内的一众学生，筚路蓝缕，翻译了大量西方经典艺术理论著作，如文杜里的《艺术批评史》《美术术语与技法词典》《西方艺术事典》和《西方艺术理论文选》等，它们无不影响我的硕士和博士论文的研究。在本书的撰写过程中，由于形式和主题、内容密切联系，因此，即使探讨形式和风格问题，迟老师当年主持翻译的这几本书仍然是最为重要的参考书目。

2009年，我有幸拜读于邵宏老师的门下，他的专著《美术史的观念》，译著《艺术批评史》（文杜里）、《风格问题：装饰历史的基础》（李格尔）、《视觉艺术中的意义》（潘诺夫斯基）、《文艺复兴时期的思想与艺术》（克里斯特勒），以及他的论文集《设计的艺术史语境》等，都对我的西方艺术观念史研究有着深远的影响。邵老师以其系统、宏大的知识体系，严谨的治学精神，让我能够将文艺学、艺术学和设计学看作"知识整体"，看到它们的共性，从哲学、修辞学、艺术三个维度研究西方古代美术观念史，并为我的博士论文研究打下重要的理论基础。

以此为起点，在多年潜心研究文艺复兴艺术观念史，有着深厚学术涵养的南京师范大学李宏老师门下，我继而围绕意大利语中的 *disegno* 一词，开展博士阶段的研究。如果说邵宏老师给了我纵向研究艺术史的视野，那么，李宏老师则让我从横向角度，看到文艺复兴时期艺术观念史对整个西方艺术史研究的重要性。万丈高楼平地起，古代的艺术观念虽然零散不系统，但是却是后续所有艺术观念的源泉。文艺复兴时期的艺术观念在前者的基础上，在新的艺术与人文语境中，将它们转化为新的起点，并为后续艺术成为一门学科做了重要的理论铺垫。然而，文艺复兴时期的艺术观念史同样不是一个容易的选题，我有幸得到李宏老师传授他日积月累的丰富研究经验，让我得以快速把握住研究的要点，看到最难走的路原来最便捷。可以说，如果没有这几位老师的研究成果和研究经验，就不会有我后续对风格和设计问题的研究。

在广州美术学院读书、工作的 20 个年头里，我校名师大家和设计师以精益求精的艺术求索精神，创造出大量走在时代前沿的艺术设计作品，让我感受到艺术创造力的鲜活力量，这些作品也对我有着潜移默化的影响，让我看到设计原理在不同专业之间的相通。值得强调的是，我还要感谢我的老师和同事们。广州美术学院前副院长、著名版画家潘行健老师，以他大量的速写和版画作品，让我看到老一辈艺术家的创作绝非轻松容易，而是基于长期对生活的观察和素材积累。更重要的是，我在他保留的草稿中，看到他对作品形式的严谨构思与推敲，这些都影响了我对形式的观察与感受。不仅如此，他的作品体现了他对社会、时代的敏锐观察，对生活的热爱和人文关怀，这些都鼓励着我持之以恒地走在探索形式问题的路上，为艺术理论研究贡献一丝微薄之力。

在撰写博士论文和本书期间，还有艺术上的技术问题不容易理解，然而，在困顿之际，我校雕塑与公共艺术学院的郑敏老师、任健老师，油画系的谢郴安老师无不为我耐心讲解、演示，让我认识到即使在技术高度发展的今天，艺术在"实践"层面上仍有非常多的困难需要人发挥灵巧的双手去实现观念的表达。因此，希望拙著能让观者和我一样，从"风格"角度更深入品读那些从"构思"到"实践"都并不容易的伟大作品。风格问题本质上是装饰问题，要更好地理解文艺复兴时期作品的风格特点，还离不开对作品原来所处环境的认知。笔者有幸从谢郴安老师那里获得他拍摄的现场图片，为本书更充分说明作品的"装饰"功能提供了重要的助力。为了更好地阐述技术问题，本书的部分配图还请了谭盛华老师、马雯怡老师帮忙绘制、拍摄，特此鸣谢。最后，由衷感谢上海书画出版社的袁媛编辑，为本书成功出版做了大量无微不至的工作。无论从学术选题、排版装帧，图片色彩校准和纸张的选用上，上海书画出版社都有着雄厚的专业实力。拙著能通过上海书画出版社出版和艺术爱好者见面，这又是一件幸运之事！

目　录

导　言：*Disegno*、设计与风格

一、*Disegno* 的内涵与外延

　　Disegno 一词在意大利语里指"素描"，意大利画家、建筑师和作家瓦萨里（Giorgio Vasari，1511—1574）在他所著的意大利文艺复兴时期的艺术家传记《名人传》（*Le Vite.*，1568 年版）中，赋予该词"设计"的含义，指构思艺术的智性过程。[1] 另外，当时盛行讨论学科之间价值高低的争论，画家和雕塑家之间的学科之争是比较论（*paragone*）的分支之一，瓦萨里适逢其时提出设计是绘画、雕塑和建筑共同的父亲。[2] 也就是说，在 18 世纪系统的美术（fine arts）出现之前，瓦萨里率先将建筑、绘画和雕塑统一在 disegno 这个术语之下进行讨论。[3]1563 年，第一所囊括了绘画、雕塑和建筑的官方设计学院（*Accademia del Disegno*）在瓦萨里的倡导下正式成立。[4] 实际上，瓦萨里赋予 disegno 以设计含义，还和他想让艺术和工匠行会脱轨，让艺术上升为智性学科有关。

　　英语 design 一词源自意大利语 disegno 和法语 dessin。design 和 disegno 都有图画、草图、图案、计划、制图术等共同含义，[5] 这些是 disengo 或设计的基本内涵。disegno 在文艺复兴时期有技术、媒介、形式这三个范畴。具体而言，指素描技术的运用，作为实践活动，属于为正式作品而做的预备阶段；还可以指素描，即二维媒介中的一种；除此，*disegno* 还可以指直接作用于感官的形式，包含线条、明暗和轮廓的形式元素，以及布局、构图时要使用的形式组织法则，与构图、发明和风格问题都有关（图 1）。从创作作品、完成作品到评价作品，在这个过程中，*disegno* 分别与构思、构图、被评价对象有关（图 2）。[6]

　　在瓦萨里的观念中，*disegno* 具有形而上和形而下两个纬度的意义。[7] 在形而上意义而言，它类似于理念，与智性有关，是一种从大量事物中提炼而得的共相，是一种普遍的判断和知

[1] Giorgio Vasari. *The Lives of the Most Excellent Painters, Sculptors, and Architects*[M]. translated by Gaston du C. Vere, edited with an introduction and notes by Philip Jacks. New York: The Modern Library, 2006: 490.以下简称 *The Lives*(Vere版本)。

[2] 邵宏，Art与Design的词义学关联[J]，艺术工作，2021(01): 65—77。M.Giorgio Vasari. *Le Vite de'Piu Eccellenti Pittori Scultori e Architettori*[M]. ed by Karl Frey, Munchen, 1911: 103, note1.

[3] 保罗・奥斯卡・克里斯特勒，文艺复兴时期的思想与艺术[M]，邵宏译，北京：东方出版社，2008: 184。

[4] 邵宏，"经营"与"*Disegno*"的风格学意义，设计的艺术史语境[M]，南宁：广西美术出版社，2017: 23—30。

[5] *The Dictionary of Art*[M]. vol. 8. Jane Turner ed. New York: Oxford University Press, 1996: 801. 意汉词典[M]，北京外国语学院《意汉词典》组编，北京：商务印书馆，2014:247。英汉大词典[M]，第二版，陆谷孙主编，上海：上海译文出版社，2012: 496。

[6] Maurice George Poirier. *Studies on the concept of Disgno, Invenzione, and Colore in Sixteenth and Seventeenth Century Italian Art and Theory*[D]. New York University, 1976: 24–51.

[7] 李宏，瓦萨里和他的《名人传》[M]，杭州：中国美术学院出版社，2016: 85。

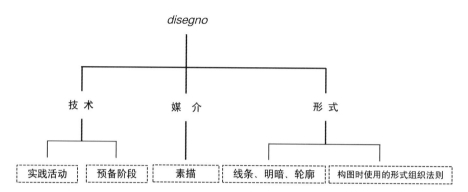

图 1 *disegno* 在文艺复兴时期的含义示意图（一）

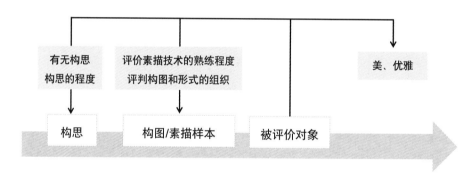

图 2 *disegno* 在文艺复兴时期的含义示意图（二）

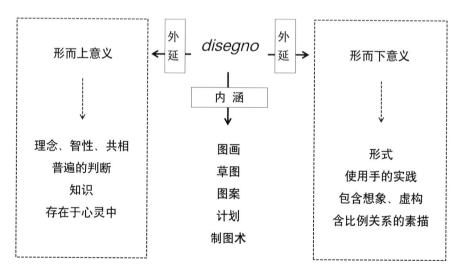

图 3 *disegno* 的形而上和形而下含义

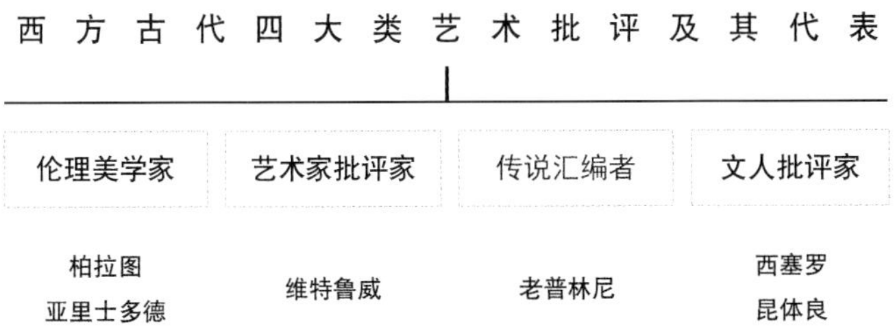

西 方 古 代 四 大 类 艺 术 批 评 及 其 代 表

伦理美学家	艺术家批评家	传说汇编者	文人批评家
柏拉图 亚里士多德	维特鲁威	老普林尼	西塞罗 昆体良

图 4　西方古代四大类艺术批评及其代表

识，存在于心灵中。从形而下意义而言，*disegno* 类似于形式，借助手的实践，将心灵中的想象或虚构描绘出来，成为包含比例关系的素描（图 3）。然而，*disegno* 的这些外延内容并非瓦萨里的原创，而是源自西方古代四大类艺术批评，它们分别是以哲学家柏拉图和亚里士多德为代表的伦理美学家，以维特鲁威为代表的艺术家批评家，以老普林尼为代表的传说汇编者，以修辞学家西塞罗和昆体良为代表的文学类比者（图 4）。[8] 他们零散的艺术观影响了西方艺术评判标准的设立，也影响了与这些标准相一致或相悖的两大类艺术风格——线性特征风格和色彩特征风格的动态发展。

　　在对西方古代四类艺术批评研究的基础上，笔者结合 *disegno* 的形而上和形而下含义来看，发现其形而上含义的"构思"和"目的"，分别与思维、智性、想象，伦理学中的真、善、美有关；"计划"和艺术实践中的布局、安排，即与构图有关。*disegno* 的形而下意义，诸如图画、草图都与"物质"有关。*disegno* 和 design 的"技术"层面指制作、实施，涉及比例法则（即 symmetry 匀称原理）的运用。"图案和装饰艺术"的重要形式特征是线条，这是佛罗伦萨画派艺术风格的主要形式元素和重要特征，因此，它们还和风格问题有关（图 5）。

　　20 世纪以降，"设计"在更广泛的意义上用于描述物体的美学特征和功能特征。它逐渐等同于工业中的产品设计和大规模生产。[9] 设计（designing）包含实践、观念、技术、制作和草图（或模型），所以，运用美学原理组织形式元素，只是整个设计活动的一部分。[10] 当我们在组织艺术元素的原理基础上讨

[8] J.J. Pollitt. *The Ancient View of Greek Art*[M]. New Haven and London: Yale University, 1974: 9–12.

[9] *The Dictionary of Art*[M]: 801.

[10] *Encyclopedia of World Art*[M]. Vol. Ⅳ. edited by McGraw–Hill Book Company. USA: McGraw–Hill, 1972: 358.

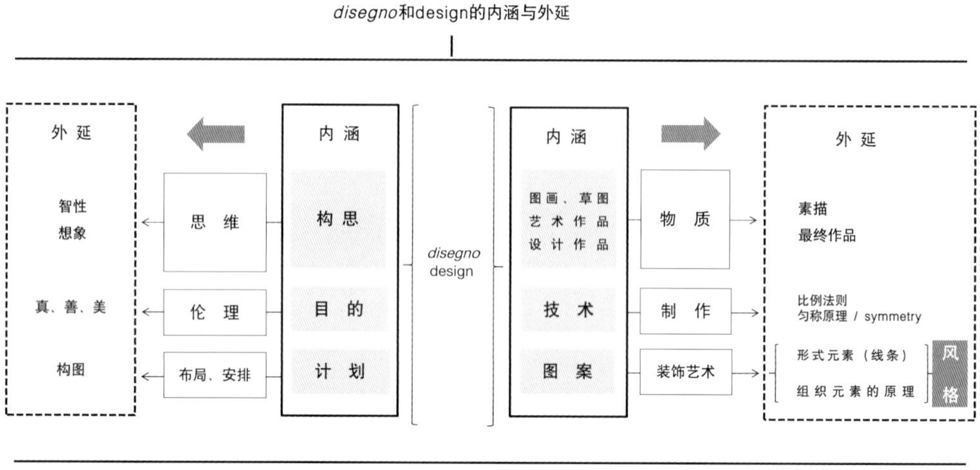

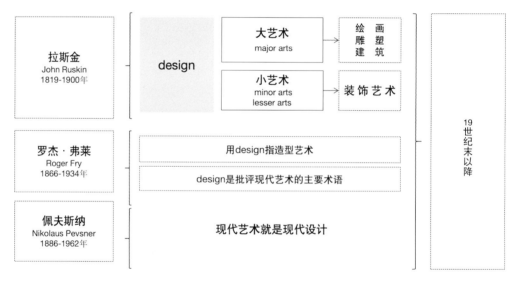

图 5　*disegno* 和 design 的内涵和外延

图 6　拉斯金、罗杰·弗莱和佩夫斯纳观念中的"设计"

论艺术时，艺术与设计是同位概念，或者将它们看作是泛指意义上的"形式"。艺术家或设计师创造形式的过程，运用媒介和技术，根据组织形式的原理（统一性、多样性、平衡、比例关系、主次关系、动态、简约），将形式元素（线条、形状、明度、质感和色彩）组织起来，创造出空间和视觉统一。因此，国际艺术教材基于两者共同的形式原理，同时枚举艺术和设计作品，解析这些原理在作品中的体现。[11]

　　事实上，早在 19 世纪，拉斯金已经使用 design 一词将大艺术和小艺术都含括在审美范畴之内。罗杰·弗莱用 design 一词指造型艺术，design 成为弗莱评论现代艺术的主要术语。弗莱的这一举动还影响了艺术史家佩夫斯纳，他们都认为"现代艺术就是现代设计"（图6）。[12] 在笔者看来，只有意识到设计与艺术之间在本质上共享的是同一套形式原理，才能打破固化的专业设置壁垒，认识到艺术这门学科的智性特征，为艺术发展带来新鲜活力。

　　本书中分析的作品主要限定于古代和文艺复兴时期，与此同时，还辅以少数设计作品，以揭示那些源自古代的形式原理所拥有的旷日持久的生命力和影响力。要知道，看起来过时、陈旧的设计作品只是在样式上不符合当下普罗大众的审美趣味和功能需求，样式问题本质上是装饰问题和风格问题。在新兴技术以洪流之势发展的当下，应该认识到潜藏于过往经典作品中的形式原理，它们不仅是让那些作品伟大的原因，还是能让艺术面貌持续得到革新发展的根本与基础。

二、风格与装饰

　　Disegno 还与色彩构成一对反题，成为文艺复兴时期"比较论"众多论争中的分支之一，即素描与色彩之争。16世纪，分别代表线性特征风格和色彩特征风格的佛罗伦萨画派和威尼斯画派有着不同的创作方法，佛罗伦萨画派艺术家在绘画的预备阶段，先运用素描画草图，再进行绘画。威尼斯画派艺术家直接在画布上作画，作品具有自发性和表现性特点。可以说，这场论争实际上源于对绘画价值的追问：到底它是取决于艺术家心灵中的理念，预备阶段的构思，还是取决于实施阶段的即兴性发挥。为此，文艺复兴时期的文人、艺术家纷纷著书立说，为素描或色彩辩护。

　　随后，在17—19世纪，普桑（Poussin，1594—1665）和鲁本斯（Rubens，1577—1640）的追随者们，安格尔（Ingres，1780—1867）和德拉克洛瓦（Delacroix，1798—1863）的论争，都是素描与色彩之争在不同历史时期的演绎，甚至延续到20世纪初，毕加索和马蒂斯之间的论争，也可以看作是素描与色彩之争的延续。实际上，素描与色彩之争的意义绝不限于艺术史

[11] Otto G.Ocvirk. *Art Fundamentals: Theory and Practice*[M]. New York: McGraw-Hill, 2003.艾伦·派普斯，艺术与设计基础[M]，欧艳译，北京：中国建筑出版社，2006。
[12] 邵宏，*Art*与*Design*的词义学关联[J]，艺术工作，2021.01：65—77。

的意义，还可以将它看作是两种艺术风格之间的竞争，使用的是不同的形式法则（图 7）。这场旷日持久的风格之争，不仅有利于艺术家对形式原理的研究与探索，推动整个西方艺术良性发展，还为 20 世纪以后的艺术、设计实践奠定了重要的形式原理基础。

Style（风格）一词具有双重词源，与修辞学中的艺格敷词（*Ekphrasis*）和建筑中的柱式有关。艺格敷词是古代修辞学术语，指生动描述主题或艺术作品，描述者向听者表达作品给他的视觉印象，作品引发的情感反应，让听者仿佛亲眼看见被描述的对象。这为人们看到文科和艺术相通性，从修辞学中借来术语和原则，埋下了重要的伏笔。古罗马演说家、政治家、哲学家西塞罗（Cicero，公元前 106—前 43）为了说明修辞学风格的发展，将雕塑和绘画艺术走向进步和完美的历程做类比。由于瓦萨里将他所处时代的风格，视为与古代风格有着相类同的特质，[13] 因此，瓦萨里对古代艺术的描述与西塞罗在《布鲁图斯》中的描述相类似，西塞罗认为：

那些关注次要艺术的批评家，哪一位不批评雕塑家卡纳库斯的雕塑过于僵硬，以至于无法忠实再现自然？雕塑家卡拉米斯的雕塑仍然僵硬，不过他的作品比卡纳库斯的雕塑更栩栩如生。甚至米隆的作品也没有实现写实，然而，人们笃定地认为他的作品是美的。在我看来，波利克里托斯的雕像更完美，甚至非常完美。在绘画中也有同样的发展阶段。对于仅仅使用了四种颜色的宙克西斯、波里格诺图、提曼塞斯等艺术家，人们称赞他们画的轮廓和素描；不过，埃提安、尼各马可、普洛托格涅斯和阿佩莱斯在各方面都做到了完美。[14]

西塞罗、昆体良将演说家的风格与古希腊艺术家的风格划分为：简朴风格、适中风格和宏伟风格。[15] 这为瓦萨里将文艺复兴时期的风格划分为三个时期提供了重要的借鉴，对比以上引文和瓦萨里在《名人传》中的转述（图 8、图 9），两者大意相同。

Style 另一个词源与建筑的柱式有关。在西方古代唯一留下

[13] Giorgio Vasari. *Le vite dei piu' eccellenti pittori, scultori e architetti*[M]. introduzione di Maurizio Marini. 3. ed. integrale. Roma : Grandi Tascabili Economici Newton, 1997: 521–522.以下简称" *Le Vite.* "
[14] Cicero. *Brutus*, 70.（若无标注，本书引用的柏拉图、亚里士多德、西塞罗、昆体良、老普林尼、维特鲁威等古人的著作，均参考自Loeb丛书。）
[15] Cicero. *Orator*, 20–21. Quintilian. *Institution Oratoria*,12.10.3—12.

线性特征风格 色彩特征风格

波提切利作品局部 提香作品局部

普桑作品局部 鲁本斯作品局部

安格尔作品局部 德拉克洛瓦作品局部

图7　线性特征风格和色彩
特征风格作品局部对照图

图 8　瓦萨里描述古代雕塑艺术走向完美的过程示意图

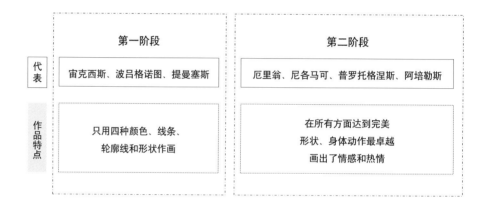

图 9　瓦萨里描述古代绘画艺术走向完美的过程示意图

来的艺术理论著作《建筑十书》中，维特鲁威（Vitrivius，约公元前90—前20）提到，根据不同神灵的气质，为他们的庙宇选择不同的柱式。[16]多立安式、爱奥尼亚式和科林斯式三种柱式分别代表三种不同的艺术风格，它们的差异体现在比例的不同（图10）。[17]这就说明，柱式的装饰功能与风格、比例有关。根据不同类型的神庙使用不同类型的柱式，还体现了建筑六原则中的得体原则。[18]即根据空间的功能，选择合适的装饰风格。事实上，"得体"还是修辞学风格的五大特征之一，与伦理学有关。换言之，装饰问题、风格问题、得体和伦理有关。有意思的是，decorum（得体）和decoration（装饰）词根相同，[19]这就从词源学的角度，说明了风格问题与装饰问题、伦理问题有关。

　　匀称（symmetry）源自比例，它是西方古代画家、雕塑家和建筑师共享的形式法则。[20]symmetry除了有"对称"的含义外，还有"比例恰当，很匀称"的意思，暗含着组成整体的各个部分的一致性。古代以降，美与symmetry有着重要的联系。[21]打破该法则的艺术作品被归为"丑"或怪诞的范畴。匀称法则的不同，不仅决定了艺术作品效果的不同，也体现艺术家不同的艺术风格，这也是影响佛罗伦萨画派和威尼斯画派艺术风格的重要形式特征之一（图11）。由上来看，素描与色彩之争实际上还与支持者的伦理观有关，他们的观念影响了艺术判断，这对我们今天看待评判艺术的标准，仍然有着重要的启示作用。

Symmetry 还是一种构图方式。匀称的几何形式有双侧对称、旋转对称、平移对称等。[22]例如，威廉·莫里斯设计的这张织物图案（图12）就属于双侧匀称（bilateral），或者叫镜像对称、左右对称。它利用两组对称鸟儿的组合，分别构成轻松（图13）和紧张（图14）的感觉，让整张作品具有松弛有度的平衡关系。旋转对称（rotational）指的是"围绕一个固定点，做120度或180度的旋转"。[23]在一张中国织物中（图15），在圆圈中的鸟儿构成旋转对称的关系，给人以鸟儿在盘旋飞翔的错觉。在对角线上的四只鸟儿，每条对角线上的鸟儿都是旋转对称的关系。因此，即使是一张二维平面的作品，它打破了左右对称的呆板、沉闷，利用旋转对称和对角线的张力关系，产生了三层动感关系。

阿洛伊斯·李格尔（Alois Riegl，1858—1905）将装饰艺术风格区分为几何风格与自然主义（或写实主义）风格。几何风格强调几何图案的运用，这种风格强调线条、轮廓线这些线性特征，遵从匀称与节奏的艺术法则，自然主义风格强调用透视法再现眼睛所见。写实主义风格比严格遵循匀称法则的几何风格更有动感和活力。[24]作品从装饰图案逐步过渡到写实的发展过程，就是几何匀称形式被打破程度逐渐加深的过程。另外，构图原则中的填腋原则（Postulate of Axil Filling）被打破，也是艺术作品趋向写实的重要分水岭标志。填腋原则指的是，"只要两条分叉的线形成空角，就须得填上母题"。这种构图原则与源自原始艺术内驱力的装饰冲动有关，这种心理现象叫作空白恐惧（Horror Vacui）。[25]填腋原则在中外古代装饰艺术上都有体现，例如，在图16、图17、图18中，虚线角标示的区域都为"腋部"区域。另外，文艺复兴早期的作品中，也仍然有着填腋原则的使用。在本书的第三章，笔者将以同类艺术主题

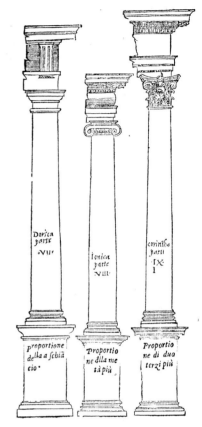

图10　从左到右，分别为多立安式（Doric）、爱奥尼亚式（Ionic）和科林斯式（Corinth）柱式

[16] Vitruvius. I.2.5.（Vitruvius. *Vitruvius on Architecture*[M]. translated by Frank Granger. Cambridge, Massachusetts: Harvard University Press, London: William Heinemann Ltd, 1955.）
[17] Vitruvius. III.5, IV.1, 8.
[18] Vitruvius. I.2, III.5.
[19] 邵宏，美术史的观念[M]，杭州：中国美术学院出版社，2003:26。
[20] Vitruvius. III. Preface, III.1.1.
[21] Hermann Weyl. *Symmetry*[M]. New Jersey: Princeton University Press, 1952: 3.
[22] 同上。
[23] 李格尔，风格问题：装饰历史的基础[M]，邵宏译，杭州：中国美术学院出版社，2016年，第43页。
[24] 同前，3—39，196—197。
[25] 邵宏，空白恐惧：装饰起源及其原则，设计的艺术史语境[M]：179—199。另见风格问题：装饰历史的基础[M]：66。

图 11　匀称原理对作品风格和效果的影响

为切入点，讨论文艺复兴初期，奇马布埃、乔托等人的作品如何逐步扬弃拜占庭艺术的装饰风格，为随后的艺术打破网格构图、装饰原则的束缚，走向写实，踏出重要的一步。

值得注意的是，当我们谈论"装饰"的时候，应该区分强调图案特征的装饰艺术，和侧重于利用材料、鲜艳色彩之类的事物所做的外观上的装饰。前者通过形式之间的和谐关系让观者感到愉悦，后者是事物本身的固有属性令人获得感官上的愉悦。正如阿尔贝蒂所言，经过画家之手设计过的象牙、珠宝等事物，比它们原本更珍贵，画家画的黄金比等量的黄金更有价值。[26] 可见，阿尔贝蒂更重视的是设计、构图和构思，而不是外观上的装饰。这个观念也可以在古代找到源头，老普林尼在《博物志》中批评人们为作品的绚丽色彩和昂贵材料惊叹，却不重视艺术家的天赋和艺术作品的构思。[27] 在老普林尼、维特鲁威、卢奇安等古罗马批评家看来，这是古代艺术走向衰落的重要原因，这对我们今天的艺术实践仍有重要的警示意义。

三、线性特征风格和色彩特征风格

贡布里希、潘诺夫斯基、沃尔夫林等人都曾讨论过这两种风格，只是表述不同或侧重关注的内容不同（见附表 1）。贡布里希认为，20 世纪以前的西方艺术，不同时期、地域或风格的艺术作品，可看作是受"所知"或"所见"影响的两种视觉程

[26] Leon B. Alberti. *On Painting and on Sculpture, The Latin Texts of "De Pictura" and "De Statua"* [M]. translated by Cecil Grayson. London: Phaidon Press, 1972: 61. 以下简称Grayson译本。
[27] Pliny. *Natural History*. XXXV. 145.

图 12　威廉·莫里斯,《鸟》,1878 年设计, 羊毛, 大都会艺术博物馆藏

图 13　图 12 局部, 图案关系"轻松"

图 14　图 12 局部, 图案关系"紧张"

图 15　中国丝织品, 16 世纪, 丝线和金属线, 162.6 厘米 ×218.4 厘米, 大都会艺术博物馆

图 16　无釉赤陶双耳瓶(局部), 公元前 540—前 530 年, 赤土, 29.5 厘米高, 大都会艺术博物馆

图 17　无釉赤陶双耳瓶(局部), 公元前 575—前 550 年, 赤土, 18.8 厘米高, 大都会艺术博物馆

图 18　徽章, 17 世纪末至 18 世纪初, 丝绸、金属线等, 33.02 厘米 ×29.21 厘米, 大都会艺术博物馆

式的发展，即以轮廓线或线条为主要表现程式的概念性图像，或以色彩或涂绘为主要表现程式的错觉艺术——直到印象主义取消了轮廓，运用块面色彩创作，才实现了视觉上的真实。[28] 文杜里指出素描与色彩之间的论争与古代的线性特征风格和色彩特征风格有关，然而，他并没有集中讨论这两种风格，而是在该书中零散提及。[29]

附表 1：贡布里希、文杜里等人讨论两种风格的概念要点一览表

史学家	风格 1	风格 2
贡布里希 E. H. Gombrich 1909—2001	·所知（knowing） ·以轮廓线或线条为主要表现程式 ·概念性图像（conceptual）	·所见（seeing） ·以色彩或涂绘为主要表现程式 ·错觉艺术（trompe l'oeil）
文杜里 Lionello Venturi 1885—1961	·线性特征风格	·色彩特征风格
潘诺夫斯基 Panofsky 1892—1968	·客观比例（objective）	·技术比例（technical）
沃尔夫林 Heinrich Wölfflin 1864—1945	·线条 ·线描、平面、封闭、多样性、清晰性 ·再现对象"本来的样子"	·块面、色彩、光线、阴影 ·涂绘、深度、开放、统一性、模糊性 ·再现对象"看起来的样子"

潘诺夫斯基认为，在艺术创作中，运用比例不仅为了再现对象，还涉及艺术家再现的目的。在他看来，客观比例和技术比例无法同时存在。因为，生物躯体的动态，艺术家使用的短缩法，以及为了矫正观看者的视觉而使用的短缩法，这三类技术尺寸都会影响客观尺寸。[30] 因此，作品风格具有线性特征的艺术家，他们借助数学知识和几何工具，再现对象本来的样子。这类作品体现了客观比例的运用，符合柏拉图伦理观所推崇的真实，与评判事物的最高标准理念（idea）有关。对于强调色彩特征的艺术家而言，他们要再现对象看起来的样子，因此，他们使用技术比例，对人物做变形处理，实现动态或情感的表达。

沃尔夫林运用五对兼具装饰意义和模仿意义的法则——线描与涂绘，平面和深度，封闭和开放，多样性和统一性，清晰性和模糊性，描述 16、17 世纪的艺术风格的特征。[31] 另外，沃尔夫林认为，这两种风格是两种再现方式，分别再现了事物"本来的样子"与事物"看起来的样子"。而且，这两种艺术没有孰高孰低的差别，它们的差别是模仿的差别和装饰的差别。[32] 虽然将沃尔夫林这五对法则套用在以创造性为主要特征的艺术作品中，未免削足适履，但这套法则仍然具有普适价值。笔者将以有别于沃尔夫林的方法，剖析两个艺术流派的艺术家，如何在艺术作品中运用不同的形式法则，如在比例、色彩、明暗对照法（chiaroscuro）使用上的不同，体现不同类型风格的形式特征。

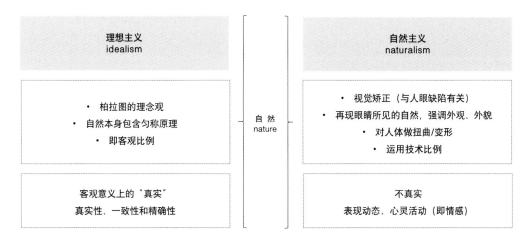

图 19　两种艺术风格再现的"自然"对比示意图

　　需要强调的是，在讨论这两种艺术风格再现的对象和自然关系时，要区别两种自然的不同（图 19），一种是源自柏拉图理念观的自然，强调自然本身包含的匀称原理（即潘诺夫斯基所说的客观比例）在艺术作品中的体现，追求客观意义上的真实，因此具有真实性、一致性和精确性。另一种自然，是艺术家根据人眼缺陷，运用技术比例对再现对象做视觉矫正，这类艺术作品再现的是眼睛所见的自然，强调再现对象的外观、外貌。这种扭曲或变形的形象虽然不真实，但却更能再现人物的动态和心灵的活动（即情感）。简言之，它们分别呼应文艺复兴以降的理想主义和自然主义。[33]

　　贡布里希认为，观看图像也需要学习。一幅作品能感动观者，是因为画面中大量的元素以高度复杂的心理事件，同时相互起作用。[34] 若从心理学角度而言，可以将以佛罗伦萨画派和威尼斯画派为代表的两种风格，看作是两种心理定向和注意的不同。[35] 观看是对事物特征的把握，[36] 阿恩海姆（Rudolf Arnheim，1904—2007）认为，人们在观看过程中，感知到的不仅仅是物体、色彩、形状、动态和位置的组合，由于它们具有量值和方向，它们产生一种心理上的力，即张力。这种力有发力点、方向和强度。人们在感知事物时，感知的是有方向性张力之间的相互作用。因此，阿恩海姆强调："视觉经验是力

[28] E.H.Gombrich. *Norm and Form*[M]. London: Phaidon Press Limited. 1999: 93—94.另见 E.H.贡布里希，规范与形式[M]，杨思梁、范景中等译，南宁：广西美术出版社，2017: 118—119。
[29] 廖内洛·文杜里，艺术批评史[M]，邵宏译，北京：商务印书馆，2020: 19—20。
[30] 潘诺夫斯基，人体比例理论史反映出的风格史，视觉艺术中的意义[M]，邵宏译，严善錞校，北京：商务印书馆，2021: 57—59。 另见 E. Panofsky. *Meaning in the Visual Arts*[M]. USA: Doubleday & Company, Inc, 1955: 55—57.
[31] 沃尔夫林，美术史的基本概念：后期艺术风格发展的问题[M]，洪天富、范景中译，杭州：中国美术学院出版社，2015: 8，28—30。
[32] 同上，24—29，35—40，44—47，62。
[33] J.J. Pollitt. *The Ancient View of Greek Art*[M]: 3—4.
[34] E.H.Gombrich. *The Story of Art*[M]. 16th edition. London: Phaidon Press Limited, 2010: 433. E.H.Gombrich. *Art and Illusion: A Study in the Psychology of Pictorial Representation*[M]. United kingdom: Priceton University Press, 2000: 12.
[35] E.H.Gombrich. *Art and Illusion*[M]: 60.
[36] Rudolf Arnheim. *Art and Visual Perception: a Psychology of the Creative Eye*[M]. London: University of California Press, 1974: 43.

的动态关系"（Visual experience is dynamic）。只有艺术作品的形式关系达到平衡，作品的表意才清晰。平衡是构成艺术作品的力相互抵消，力的抵消取决于力的发力点位置，力的大小，以及力的方向。

对平衡影响最大的是事物的重量（weight）和方向。位于画面中心的事物，重量最大。在绘画空间中，位于远景的事物重量比近景事物的重量更大。事物的大小、色彩、明暗等也影响重量的大小，例如，红色比蓝色重量大，明度亮的色彩比明度暗的重量大。人们对事物的客观经验或所知，也会影响他们对图像重力的感知，比方说，作品中的石头和木头的视觉重力区别，与我们客观经验一致。事物客观上的和心理上的均衡可以不一致，例如同样大小的事物，颜色不一样导致看起来不均衡。除此，作品中的重力有不同的梯度等级。[37]

在本书中，笔者将借助格式塔（gestalt）心理学术语和原则，分析艺术作品中的形式元素如何组建成基本的感知结构，产生视觉平衡和意义。Gestalt 有形式、建造、图形、特征这四种意思，[38] 格式塔心理学强调整体大于所有部分之和，它的原则有相似性、邻近性、连续性、封闭性、共同区域等（附表 2）。1920 年以降，设计师将人们对色彩、对比、重复、对称、比例的感知和格式塔原则用在作品中。除此，格式塔心理学还影响了其他设计概念，如图底关系，视觉等级和关联性。产品设计师发现遵循格式塔原则的产品更受消费者们的青睐。

附表 2：格式塔原则（部分）

相似性 similarity	人们根据事物的颜色、大小、形状和方向等物理属性，将相似的事物看作一个整体。
邻近性 proximity	距离较近的事物比距离较远的事物更具有相关性。
连续性 continuity	人们倾向于将排列在直线或曲线上的元素视为彼此相关，它们比随意分布的元素更具有相关性。
封闭性 closure	如果元素能形成某个实体，人们倾向于自动补充元素之间的空隙，将这些元素看作整体。
共同区域 common region	人们将位于同一封闭区域的元素视为同组元素，它们的相关性更大。
图底关系 figure-ground relationship	大脑通常将较小的元素视为"图形"，将较大的元素看作"背景"。然而，人们对图底关系的感知，还受颜色、注意力、对比等影响。平面设计师使用该原则，加强重要的字、词或图像与它们周围负空间的对比。
视觉等级 visual hierarchy	设计师利用人们感知和分组视觉对象的方式来建立视觉等级，确保最重要的文字或图像首先吸引人们的注意力。
关联性 associativity	这个概念与邻近性原则相关，设计师常用它来确定重要事物的位置，例如，标题、摘要、列表等文本元素。

综上，本书尝试运用心理学的原理，分析两种艺术风格的艺术家如何将形式元素组合为有清晰结构和丰富意义的作品，实现一致、和谐和秩序感。由于现当代的艺术家和设计师有着各式各样的新兴媒介、技术和材料可以选用，还掺杂着不同文化、地域、经济的影响，因此，这些因素并不利于在同一上下文语境中讨论形式原则对作品风格的影响。受篇幅限制，本书着重分析文艺复兴时期艺术作品，虽然这些作品与我们有着较大的时间距离，然而，这些伟大作品在形式法则的使用上反而更系统、全面。在笔者看来，古典与现当代作品在形式原理运用上的不同，就像"树干"和嫁接到新的文化、技术语境中的"树枝"关系，对树干的认知越清晰，越能认知到树枝在不同历史文化语境中的创新意义，因此，前者是认知后者的基础，也是所有形式创造活动的根源。

顺带一提的是，为了让读者快速把握住风格问题或形式问题背后千丝万缕的观念，笔者在导言部分配了多张思维导图或附表用作辅助说明，希望以此抛砖引玉，让读者快速把握与形式问题有关的概念、审美原则和前人对风格问题已有的讨论，初步认知到艺术观念与艺术实践的辩证关系，而非把两者错综复杂的演绎发展关系简化为教条式的要点。倘若读者能因本书探讨的形式问题去拜读那些先哲的专著，那么本书微薄的人文价值也就实现了。

四、全书纲要

本书总共由四部分组成，以"老普林尼观念中的形式与风格"开篇。[39] 古罗马作家、博物学家老普林尼在《博物志》的第33—36卷中，记载了绘画和雕塑逐步"进化"到完美的进程。老普林尼的记载虽不系统，但是，艺术家的实践和逸闻趣事，如他们之间的艺术竞争，都蕴含了这两种艺术风格的源头观念，与佛罗伦萨画派和威尼斯画派的艺术风格有着一脉相承的关系。这些观念对文艺复兴时期阿尔贝蒂、瓦萨里等人的艺术判断有着重要影响。事实上，直到20世纪，塞尚才在作品中折中了两种艺术风格的形式特征。因此，有必要从古代追溯两种艺术风格的发端。

[37] 同前，11, 16, 20—26。
[38] *The Oxford–Duden German Dictionary*[M]. The Dudenredaktion and the German Section of the Oxford University Press Dictionary Department. New York: Oxford University Press. 1999: 173, 349.
[39] 这节内容原载于《美术与设计》（2023年第2期），此处有修改。

文艺复兴时期的建筑师、理论家阿尔贝蒂，他的著作《论绘画》是西方第一本真正意义上讨论视觉艺术的理论著作。[40] 然而，艺术家的实践并不以文人所立的规范为绝对标准，因此，笔者将对照阿尔贝蒂的观念，在探讨以下问题的基础上——"几何知识和形式的关系""构图和叙事的关系""身体动态、心灵动态与叙事的关系"指出艺术理论和艺术评判标准的有效性和局限性，这些僵硬的标准反而凸显了艺术创造的无限可能。因此，本书的第二部分探讨的是规范（norm）与创新的关系。

本书的主体在第三部分，重点讨论文艺复兴时期的艺术手法（即现代的"风格"）走向完美的过程。瓦萨里按时间顺序，将文艺复兴时期的风格划分为三个阶段，它们分别代表了好的风格，更好的风格，以及最好的风格。[41] 对于第一时期艺术风格的讨论，笔者选择以同类艺术主题为参照——"钉上十字架的基督"和"圣母子登基"，对比奇马布埃、乔托等人的艺术作品和拜占庭艺术作品之间，在形式和表达上的异同。在《奇马布埃和乔托等人作品中的网格构图》中，分析第一时期艺术家如何在拜占庭艺术的网格构图基础上，实现动态、情感的表达。

对于第二时期的艺术发展，笔者将考察艺术家如何运用更成熟的透视法、解剖知识，更深层次地打破网格构图束缚，让作品更为真实。最后，通过分析莱奥纳尔多·达·芬奇、拉斐尔和米开朗琪罗的作品，揭示他们的艺术风格何以代表"最好的风格"。

在本书的第四部分，通过分析威尼斯画派艺术家乔尔乔内、柯勒乔、提香和丁托列托的作品，指出他们如何运用不同的形式法则，强调迥异于佛罗伦萨画派线性特征的色彩特征，实现不同类型的写实与表达。因此，全书最后的两篇文章既是全书的尾声，也是全书的高潮。对于整个西方美术的发展历程而言，这两个画派的风格之争，具有继往开来的重要意义。

附：以下为笔者分析作品时选用的颜色

| 红色 | 橙色 | 黄色 | 绿色 | 湖蓝色 | 蓝色 | 紫红色 |

[40] Leon Battista Alberti. *On Painting*[M]. Translated by John R. Spencer. New Haven and London: Yale University Press, 1966: 98.

[41] 邵宏，"经营"与"*Disegno*"的风格学意义，设计的艺术史语境[M]: 23—25. 另见*The Lives*（Vere版本），24, 245ff. 直到18世纪，在温克尔曼（J.J.Winckelmann, 1717—1768）的《古代艺术史》（*History of Ancient Art*, 1764）中，style才正式成为艺术术语。（E.H.Gombrich. "style". *International Encyclopedia of Social Sciences*[M]. NewYork: Macmillan. 1968: 354.）

Chapter 1
第一章

老普林尼观念
中的
形式与风格

在现存的文献中，除了古罗马建筑师维特鲁威的《建筑十书》，西方古代没有专门讨论艺术的著作。古罗马作家、博物学家老普林尼（Pliny the Elder，约公元 23—79）在《博物志》（*Natural History*）中，不带艺术判断地汇编了艺术家的生平信息、艺术家之间的逸闻趣事、艺术技术等。在该书的第 33—36 卷中，雕塑和绘画都有逐步走向完美的发展历程，在雕塑领域，以菲狄亚斯、波利克里托斯、米隆、毕达哥拉斯和利西波斯为代表，在绘画领域，以阿波罗多鲁、宙克西斯、帕拉修斯、欧佛拉诺儿和阿佩莱斯为代表。本文将结合老普林尼的评价标准：比例、素描、阴影法（shading）和解剖细节，[1]指出线性特征风格和色彩特征风格在古代艺术发展过程中的萌芽。

一、匀称法则

比例的使用可以追溯到公元前 6 世纪。忒俄多罗斯和忒莱克勒斯两兄弟身处不同地方制造同一尊神像，当两部分雕像拼在一起时，他们完好地匹配为一体，仿佛是同一位艺术家制作的，具体的做法是：

他们不按希腊人的做法，依据事物在眼前呈现的样子确定雕塑的比例。只要他们按比例分配好石头，对石头进行布置，他们马上就可以对石头进行雕刻。在此过程中，雕塑的比例取自于最小部分和最大部分的比例；他们将整体结构划分为 $21\frac{1}{4}$ 部分，由此，整个雕塑以这种方式体现了匀称的比例。所以，一旦他们约定好雕塑的尺寸，他们就分头进一步制作分配好的工作和不同尺寸的部件。他们用这个方法制作的雕塑非常精准，以至于人们为他们这套独特的方法而惊叹。在萨摩斯，对于采用了埃及巧妙制作方法的木雕，人们将它砍成两半，从头顶砍

[1] J.J.Pollitt. *The Art of Greece, 1400–313B.C.*[M]. New Jersey: Prentice-Hall, INC, 1965: xi–xii.

图 1 埃及男性着装雕像，公元前 6 世纪中期，104.8 厘米 ×48.3 厘米 ×25.4 厘米，石灰岩，大都会艺术博物馆。

图 2 *kouros*，约公元前 590—前 580，194.6 厘米 ×51.6 厘米 ×63.2 厘米，大理石，大都会艺术博物馆。

到私密部位，雕像从中间分开，任一部分都与另一部分在各个细节上精确匹配。此外，人们认为这个雕塑与埃及那些雕塑最为相似，雕塑的手臂照样也是僵直垂落在身旁，双腿跨步分开。[2]

从以上这段话来看，可知古代有依据"匀称比例"和依据"眼睛所见的外观"这两种艺术作品的方法。他们将人体结构划分为 $21\frac{1}{4}$ 部分，这里实现匀称比例的方法是分数方法。[3] 结合"从头顶砍到私密部位，雕像从中间分开，任一部分都与另一部分在各个细节上精确匹配"以及古埃及的雕塑作品来看（图 1、图 2），他们遵循的构图方式是两侧对称（bilateral symmetry）。

古希腊使用比例法则最为出名的艺术家是波利克里托斯（Polykleitos，公元前 5 世纪），他撰写了一篇叫作 canon（准则）的论文，并依据当中的标准制作了叫作 canon 或可作"典范"的雕塑作品，将它视为雕塑艺术的首要法则。根据老普林尼的记载，他是唯一一个通过一件作品体现其艺术法则的人。[4] 虽然，我们今天无法看到这件雕塑作品，不过，从古希腊医生盖伦（Galen，约 129—199）的记载中得以窥见其艺术法则：

克里西波斯……认为美不在于组成部分（例如：身体的组成部分）的匀称，而在于各部分的匀称，例如，一个手指与另一个手指的比例，所有手指与手部其余部分的比例，手部其余部分与手腕的比例，手指、手部和手腕与前臂的比例，前臂与整个臂部的比例，总而言之，所有部分与所有其他部分的比例，正如波利克里托斯的准则中所写的。[5]

由上来看，波利克里托斯的实践方法，包含了部分与部分之间的比例关系，运用的是模数方法（modulus），体现了几何学中的连续变量关系。事实上，文艺复兴时期的艺术家丢勒也使用这个方法画人体（图 3）。[6] 古埃及艺术家运用的是最小部分和最大部分的比例关系，即人头和人身的比例，运用的是分数方法，强调的是分散变量的关系。古希腊时期艺术家模仿自然的方法与古希腊哲学家用"数"来阐释宇宙万物相类似。在柏拉图看来，整个宇宙无论整体还是部分，都是完美的。宇

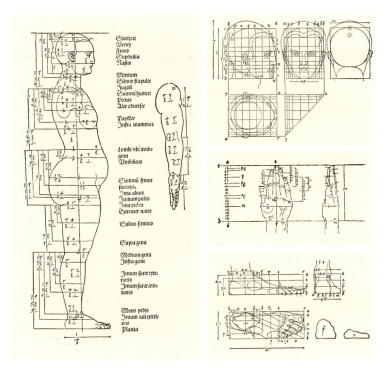

图 3 丢勒，《论对称》一书中的人体比例插图

宙是包含连续几何比例的立体，通过比例实现和谐。[7] 因此，在人体雕塑中运用的比例法则与宇宙的基本法则相类同，也就实现了对完美与和谐的模仿。

　　根据瓦罗的评价，波里克里托斯的方法是"方形的"（古希腊语 *tetragona*），该词在柏拉图的著作中出现过，他认为，要成为善的人，他的手、脚和心灵都要"方正"（*tetragona*，*foursquare*）。[8] 所以，波利克里托斯的艺术还与伦理上的"善"有关。从形而下的角度而言，他的实践方法是使用几何结构表现人体的轮廓和结构，这个方法还为中世纪哥特艺术家使用（图4）。[9] 因此，文艺复兴以前，古埃及、古希腊艺术家已经使用分数方法、模数方法和几何结构这三种方法表现人体比例。

　　波利克里托斯把《荷矛者》的重力放在右腿上，左肩膀提起；雕塑的左脚和右肩膀处于放松的状态，与前两者紧绷的状态相反，体现了一种对角线方向上的动态平衡（图5、图6）。倘若将《荷矛者》和古埃及艺术或古风时期雕塑做对比（图1、

[2] Diodorus of Siculus, *Diodorus of Siculus*, I, 98, 5–9.

[3] Tomoko Nakamura. *An Aspect of Renaissance Mathematics revealed in a Stydy of the Theory of Human Proportion*[J]. 文明. 2016, No.21: 23–28.

[4] Pliny. *Natural History*, XXXIV, 55.

[5] J.J. Pollitt. *The Ancient View of Greek Art*[M]: 15. 视觉艺术中的意义[M]: 65。另见 E. Panofsky. *Meaning in the Visual Arts*[M]. 1955: 64.

[6] Albrecht Durer. *De Symmetria partium in rectis formis humanorum*[M]. Nuremberg, 1532: 67, 69, 73, 89. 另见《建筑十书》I.D.罗兰译本的图37，波利克里托斯常用人体比例图。（Vitruvius. *Ten Books on Architecture*[M]. Translation by Ingrid D. Rowland, Commentary and illustrations by Thomas Noble Howe. UK: Cambridge Univeristy Press, 2002.）

[7] Plato. *Timaeus*, 31C ff, 35B. 柏拉图、蒂迈欧篇[M]，谢文郁译，上海：上海人民出版社，2006: 23—24。

[8] Plato. *Protagoras*. 344 A–C.

[9] 同[3]。

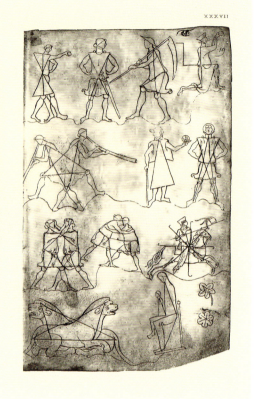

图 4　维拉尔·德·奥纳库尔《画簿》收录的素描、手稿

[10] Ralph Mayer. *A Dictionary of Art Terms and Techniques*[M]. New York: Barnes & Noble Books, 1981:93. 另见拉尔夫·迈耶, 美术术语与技法词典[M], 邵宏等译, 岭南美术出版社, 1992：125。
[11] Quitilian. *Institutio Oratoria*, IX, iii, 81–86.
[12] Aristotle. *Metaphysica*. 1078a20–30.
[13] Aristotle. *Metaphysica*. 1026a15ff, 993b21, 1026a15.
[14] Vitruvius. III.1.3. (古罗马)维特鲁威, 建筑十书[M], (美)I.D.罗兰英译, 陈平译本, 北京：北京大学出版社, 2012：90。
[15] Pliny. *Natural History*, XXXIV, 56.

图 2），可见《荷矛者》打破了前人左右对称的僵硬姿势，形成了非对称的姿势，具有了动态的表现，体现了和谐与平衡。文艺复兴时期的意大利雕塑家继续采用这种雕像姿势（图 7），并赋予这个形式特点以意大利名称 contrapposto，即对立平衡。[10]顺带一提的是，对立平衡与修辞学中的对偶有关，包括单个单词之间，双单词之间，句子之间的对比，不同时态、案例、情感等的对比。[11]

亚里士多德认为，在任何情况下展开研究的最好方法是将不可分割的事物看作是可以分割的。例如，人作为不可分割的事物，算术家考虑人是否存在可以分割的属性，几何学将人看作是几何体。[12]另外，亚里士多德将知识划分为理论、行为和制作三类。理论知识研究事物的普遍原理，与具有永恒性的原因、原理有关，它的目的是真实，数学属于理论知识。[13]波利克里托斯的作品运用了算数和几何这两种数学知识，这就使得艺术与"数学"有关，为文艺复兴时期的人将艺术和数学相提并论，以此提高艺术的理论地位埋下重要伏笔。事实上，古罗马建筑师维特鲁威也指出大自然依据比例构造人体，而古希腊时期的画家、雕塑家和建筑师都将这些算术和几何知识用在艺术实践中：

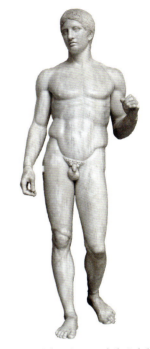

图5 波利克里托斯，《荷矛者》，约公元前440—前435年，罗马复制品，大理石（原作为青铜），2米高，那不勒斯国家考古博物馆

　　面部从额部到额顶和发际应为（身体总高度的）十分之一，手掌从腕到中指尖也是如此；头部从额到头顶为八分之一；从胸部顶端到发际包括颈部下端为六分之一；从胸部的中部到头顶为四分之一。面部本身，额底至鼻子最下端是整个脸高的三分之一，从鼻下端至双眉之间的中点是另一个三分之一，从这一点至额头发际也是三分之一。足是身高的六分之一，前臂为四分之一，胸部也是四分之一。其他肢体又有各自相应的比例……

　　人体的中心自然是肚脐。如果画一个人平躺下来，四肢伸展构成一个圆，圆心是肚脐，手指与脚尖移动便会与圆周线重合。无论如何，人体可以呈现出一个圆形，还可以从中看出一个方形。如果我们测量从足底至头顶的尺寸，并将这一尺寸与伸展开的双手的尺寸进行比较，就会发现，高与宽是相等的，恰好处于用角尺画出的正方形区域之中。[14]

　　老普林尼认为，波利克里托斯将菲狄亚斯开创的这门艺术知识系统化，波利克里托斯让雕塑学科更完美。[15]换言之，波利克里托斯所树立的匀称法则，不仅是用于实践的艺术法则，它还使得雕塑知识系统化，使它成为雕塑学科初始阶段的原理与理论。维特鲁威在《建筑十书》中也将匀称看作是建筑艺术的原理，因此，1563年，瓦萨里所倡导的第一所设计学院（*Accademia del Disegno*）之所以包含建筑、雕塑和绘画，以及今天的美术学院仍然设有建筑专业，与这三门学科共享匀称原理有关。

　　老普林尼将波利克里托斯与米隆（Myron，活跃于公元前480—前440）相提并论，在他看来，米隆的艺术作品与波利克里托斯的相比，米隆的匀称法则系统更复杂，倘若结合维特鲁

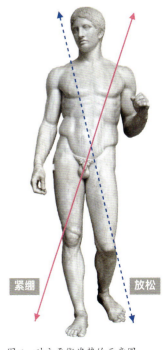

紧绷　　放松

图6 对立平衡姿势的示意图

图 7　多纳泰罗，《大卫》，约 1440 年，青铜，158 厘米高，佛罗伦萨巴杰罗国家博物馆

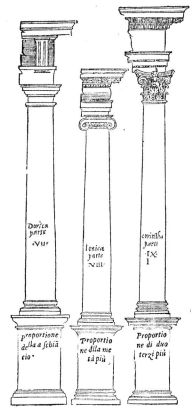

图 8　从左到右，分别为多立安式（Doric）、爱奥尼亚式（Ionic）和科林斯式（Corinth）柱式，它们在风格上的不同，体现在比例上的不同

[16] Vitruvius. Ⅳ.1. 6—8.

[17] Quintilian. *Institution Oratoria*, 2.13.8–11.

[18] 贡布里希，艺术的故事[M]，范景中译，杨成凯校，南宁：广西美术出版社，2008：77—90。

[19] Pliny. *Natural History*，XXXV，64.另见 Cicero, *De Inventione*. Ⅱ，1，1.

[20] Pliny. *Natural History*，XXXIV，57–59.另见 J.J.Pollitt. *The Art of Greece, 1400–313B.C.*[M]. 62, note 27, 28, 29.

[21] Pliny. *Natural History*，XXXIV，61–65.

威区分柱式风格的标准，即圆柱底径和圆柱高度的比例改变，柱式风格随之改变（图 8），[16] 那么，米隆的艺术风格与波利克里托斯的艺术风格也因此不同。另外，从动态、姿势上而言，也可以将米隆的作品与波利克里托斯的作品看作是两种不同的风格，古罗马修辞学家昆体良（Quintilian，约公元 40—100）似乎注意到这种不同，他认为：

我们在哪里可以找到比米隆的《掷铁饼者》更剧烈或精心设计的作品？然而，那些评论家因为这尊雕塑不是直立的而不喜欢它，这只表明他们没法透彻理解米隆的艺术，这个作品最值得我们称赞的恰恰是它的新颖性和制作上的难度。[17]

其实，米隆作品中的非直线特征与姿势的扭曲，都是对柏拉图推崇的直线的逆反。根据柏拉图的伦理观，他对越是远离真实的作品越是贬低。然而，昆体良认为米隆的这种打破常规的做法，具有有别于日常用语的"多样化"优点，赞赏米隆的作品"高于自然"。倘若将米隆的《掷铁饼者》与真实动态相比，可见两者有着明显的不同（比较图9、图10）。在真实的场景中，运动员的身躯重力落在双腿上，左手相对放松，《掷铁饼者》中的重力落在雕像的右脚上。另外，米隆的《掷铁饼者》虽然与现实不符，但是，它却是在继承古埃及艺术再现人体部位最有特征的做法的同时，再现了一种看起来"真实"的错觉效果（比较图9与图11）。[18] 在老普林尼看来，米隆是第一位拓展了写实主义范畴的艺术家。事实上，米隆通过"扭曲"的方式（即变形），再现的是与"客观真实"不一样的"看起来的真实"。这是一种超越于客观写实之上，对美的提炼，与宙克西斯画美女海伦的逸闻趣事相呼应。

宙克西斯为了给神庙塑造神像，从城市里挑选了五位最漂亮女性当模特。在他看来，自然界中还没有哪个人的所有部分都能达到完美。宙克西斯认为，他将这些模特的真实转换为无声的图像。后来，这五位女性的名字被诗人们歌颂，因为，她们体现了宙克西斯关于美的判断。[19] 因此，古希腊艺术家与柏拉图的观念不同，他们认为自然并不完美，但他们可以发挥个人的主观选择和判断，完善自然。另外，米隆在毛发、筋腱之类的细节处理上，比古风时期的作品具有更多的精确性（图12、图13）。然而，米隆和菲狄亚斯、波利克里托斯一样，只关注外在的形式，没有表现内在的情感（比较图13、图14）。[20]

利西波斯（Lysippos）的艺术成就源自向大自然学习，而不是模仿任何艺术家的作品。利西波斯虽然以大自然为师，然而，他谨慎保留了匀称法则，改良了波利克里托斯的方形法则。和波利克里托斯、米隆的作品相比，他所做的雕塑头部比之前艺术家做的更小，人体更苗条，肌肉更紧实，因此，他的作品看起来更高，风格与前两位艺术家不同。[21] 在维特鲁威看来，多立安柱式高度和直径的比例是7:1，爱奥尼亚柱式的是9:1，后

图9 米隆，《掷铁饼者》，约公元前460—前450年，罗马大理石复制品，意大利罗马国家博物馆

图10 1896年第一届现代奥运会铁饼金牌得主

图11 纳尔迈的调色板，第一王朝，约公元前3000年，石板，高63.5厘米，埃及国家博物馆

图 12　掷铁饼者的局部

图 13　掷铁饼者的局部

图 14　Peplos Kore（局部），约 540—530 年，大理石，118 厘米高，希腊雅典卫城博物馆

者的比例比前者更纤细，这体现了人们审美判断力的提高。[22] 所以，维特鲁威依据比例的改良情况来判断艺术风格进步与否的观念，我们也可以在老普林尼的记载中找到相似的观念和隐含的评价标准。事实上，古希腊时期雕塑家、画家和作家，都有撰写匀称方面的论文，而且存在不同的匀称法则。另外，老普林尼认为，利西波斯作品的首要特点，是在制作上尤其精微，甚至最细小的细节也没有忽略（图 15 至图 17）。

　　总的来说，在古希腊雕塑艺术发展过程中，从艺术家效仿古埃及艺术作品，到波利克提托斯采取对立平衡的姿势，打破左右对称的姿势；从强调对象的几何形式，再现对象的客观真实，到尝试从解剖学角度表现人体的结构特征，如膝盖部位（比较图 18、图 19 与图 15，图 20、图 21 与图 17），逐渐有更精微的细节，诸如毛发、血管之类；从面无表情，到通过嘴角上翘再现表情与情感（比较图 22、图 23）；从呆板僵硬的姿势，到利用短缩法再现偶然看到角度的作品（图 24、图 25）……古希腊艺术逐步打破几何式的僵硬，以愈发精确的人体结构，让作品愈发写实，表情和动态让作品更为生动。

　　老普林尼还记载了古希腊的绘画和青铜雕塑在公元前 5 世纪至公元前 4 世纪的平行发展：首先是单色画家欧玛罗斯区分了人物的性别特征，尝试模仿所有姿势。基蒙在他的基础上发明了短缩法，表现了从后面看、仰视或俯视的姿势。基蒙所画的人体，肢体连贯，血脉突起，褶皱起伏蜿蜒。波吕格诺图改

[22] Vitruvius, IV.1, 8.

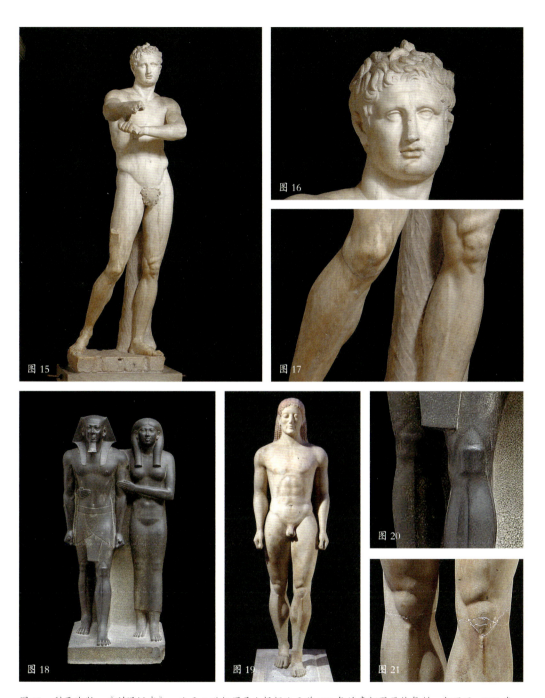

图 15　利西波斯，《刮泥垢者》，公元 1 世纪罗马人根据公元前 330 年的青铜器原件复制，大理石，2.06 米，梵蒂冈皮奥 - 克莱门汀博物馆
图 16　《刮泥垢者》的局部
图 17　《刮泥垢者》的局部
图 18　《国王孟卡拉和皇后》，约公元前 2490—前 2472 年，灰岩，142.2 厘米 ×57.1 厘米 ×55.2 厘米，波士顿美术博物馆
图 19　Kouros，约公元前 530 年，大理石，约 195 厘米高，雅典国家考古博物馆
图 20　图 18 局部
图 21　图 19 局部

图22　图2局部

图23　图19局部

图24　无釉陶土双耳陶瓶，
（约公元前510—前500），
慕尼黑国家古典古物收藏馆
和文物馆

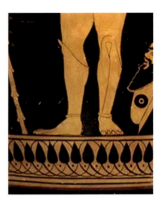
图25　图24局部

良了细节，如结构清晰的装饰，不同颜色的头饰。他是第一位画张嘴显露牙齿的画家，他的作品使得僵硬的古风艺术有了多样性的变化。[23]因此，绘画艺术的发展，是通过区分特征，表现不同的观看视角，解剖学层面的细节，服饰的细节，表情的变化，逐步从几何风格走向自然写实，从而达到了完美。事实上，文艺复兴初期的艺术家也遇到相类同的问题，并在解决这些问题的过程中，逐步将艺术进程推向第二时期的发展阶段。

二、古希腊艺术中的线性特征与色彩特征

绘画的起源虽然并不明确，首先出现的绘画类型是使用线条描绘人的阴影轮廓，这是一种线性方法。[24]在古代，阿佩莱斯（Apelles）的作品以精美的线条而著称，他的作品即使未完成，也能捕捉到对象的特征。[25]不过，老普林尼强调未完成作品的价值，是因为从中能看到艺术家设计的痕迹和他们最初的构思。[26]换言之，他强调的是作为准备阶段的素描及其构思价值，这也是佛罗伦萨画派看重素描的重要原因之一。西方古代艺术中对线条的重视，还体现在一个用线条进行艺术竞赛的事迹中。

阿佩莱斯去拜访普洛托格涅斯，碰巧对方不在家，阿佩莱斯在画板上画了一条非常精巧的线。当普洛托格涅斯回来看到这条精巧准确的线条，他立刻想到来拜访他的人是阿佩莱斯，因为其他人无法画得如此完美。于是，他用另一个颜色在那条线上画了一条更好的线，然后离开。阿佩莱斯折返看到普洛托格涅斯画的线，他又用其他颜色画了第三条线。第三条线比前两条线还长，并且没有留下空间做进一步的完善。普洛托格涅斯回家看到第三条线，承认自己输了，匆忙赶到码头去寻找这位访客。[27]

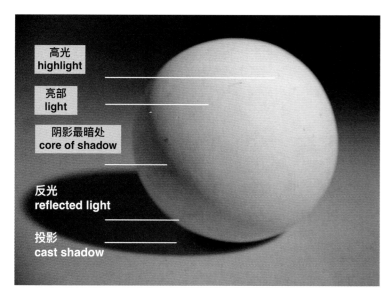

图 26 明暗对照法示意图

　　我们无从得知两位艺术家画了什么内容，但从中可见线条作为绘画构图的元素，具有辨识性，可以代表艺术家个人的艺术风格特征。瓦萨里在《名人传》中，记载他和米开朗琪罗去拜访威尼斯画派艺术家提香的画室，并借米开朗琪罗之口，批评威尼斯画派艺术家没有学好素描。古代和文艺复兴时期的这两件逸闻趣事，实际上都体现了对以线条为特征的艺术作品以及艺术构思的推崇。

　　在色彩方面，古希腊人把明暗程度叫做明度（value），是颜色反射光的量（quanlity），他们把色相的组合以及它们协调的关系称为色调（tone）。雅典的阿波罗多鲁是首位表现对象真实外貌的艺术家，因为他在弯曲的表面上描绘出渐变的阴影，即阴影法（shading）。阿波罗多鲁和宙克西斯（Zeuxis）对光影进行了改良，影子不再是投射的影子，而是在弯曲的面上从明到暗逐渐过渡。[28]另一位画家尼基亚斯（Nikias）也尤为关注亮部与暗部，即明暗，以及将人物画得仿佛要从画板上"凸出来"，因此，他追求的是一种带有浮雕效果的立体感。[29]

　　事实上，他们的画法与明暗对照法（chiaroscuro）中的一种相类似，在图形或物体上，颜色的明度从明到暗的渐变。

[23] Pliny. *Natural History*, XXXV, 55–58.
[24] Pliny. *Natural History*, XXXV, 15–16, noted. (Pliny. *Natural History*[M].(loeb). translated by W.H.S.Jones, London: Harvard university Press, 1966:270–273.)
[25] 同前，XXXV, 79 ff.
[26] 同前，XXXV, 145.
[27] 同前，XXXV, 81–83.
[28] Pliny. *The Elder Pliny's Chapters on the History of Art*[M]. Translated by K. Jex-Blake. London: Macmillan and Co., LTD., New York: The Macmillan Co., 1896: 96–97, 105, note 12.
[29] Pliny. *Natural History*, XXXV, 130–133. J.J.Pollitt. *The Art of Greece, 1400–313B.C.*[M]: 175. 艺术批评史[M]: 44。另见Lionello Venturi. *History of Art Criticism*[M]. New York: E.P.Dutton, 1964: 42.

图 27　乔托，《信念》，1306，湿壁画，120 厘米 ×55 厘米，意大利斯科罗维尼教堂

图 28　图 27 去色图

通过明显的亮部和暗部之间的平衡对比，再现对象的体积（volume）和浮雕的错觉，这个技法能让构图中主要人物的周围，形成一种有效的深度与空间的错觉（图 26）。[30] 这种画法将影响文艺复兴时期佛罗伦萨画派的艺术面貌和风格，从乔托（Giotto，约 1267—1337）作品中的人物有着犹如浮雕一般的立体感，可以看到他运用了发端于古代的明暗对照法，意味着他已经开启了复兴古代艺术的大门（图 27、图 28）。

如果说宙克西斯是第一位发现光和影之间比例的艺术家，那么，帕拉修斯（Parrhasios）则因用线的精微而著名。[31] 老普林尼记载宙克西斯和帕拉修斯这两位艺术家之间一场著名的艺术竞争：宙克西斯描绘葡萄的作品，由于过于逼真而骗了鸟儿的眼睛。帕拉修斯画的亚麻布帷幔，欺骗了宙克西斯的眼睛。后来，宙克西斯画了一张男孩拿着葡萄的作品，鸟儿只扑向葡萄，对他所画的男孩并不害怕。宙克西斯生气地认为："我画的葡萄比我画的男孩好，要是我画的男孩完美，鸟儿就会害怕他。"这从另外一个角度证明，宙克西斯在人物写实方面有不足。当时的确有人批评他画的人头和肢体过大。[32] 由上观之，无论是运用轮廓线还是阴影法，都可以真实再现对象，然而，由于宙克西斯笔下人物造型的比例不当，即使他擅长阴影法，也无法真实再现对象。因此，倘若要成功模仿自然，比例和明暗对照法这两者缺一不可。

老普林尼认为，轮廓线是绘画当中最精微的部分，而描绘事物的体积和事物的量感（mass）都是伟大的成就，能做到其中一种的艺术家就能获得名声。值得注意的是，艺术家在描绘图形的界线时，既描绘人体的轮廓线，也包含恰当的量感，这在当时是鲜少有人能实现的艺术成功。[33] 古代艺术家运用线条再现对象的体积，运用阴影法再现量感和犹如浮雕般的立体感，将成为佛罗伦萨画派艺术家模仿现实的重要艺术手段，而且，能同时在作品中做到这两者的艺术家，他的艺术成就在古人之上。

鲍西亚斯（Pausias）的画法与帕拉修斯、宙克修斯、尼基亚斯的画法都不同。他通过描绘牛的正面来展示牛的身长，他用的是投影法（projection）（图 29），换言之，他并不遵循事物的客观比例，而是利用事物的"变形"，制造同时看到牛不

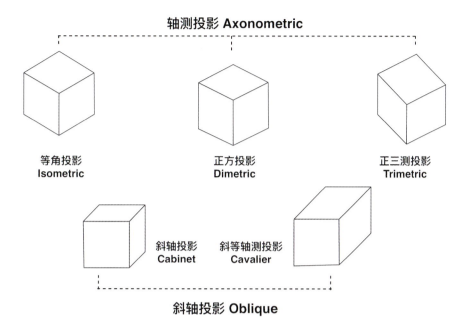

图 29 投影法

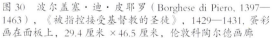

图 30 波尔盖塞·迪·皮耶罗（Borghese di Piero, 1397—1463），《被指控接受基督教的圣徒》，1429—1431，蛋彩画在面板上，29.4 厘米 ×46.5 厘米，伦敦科陶尔德画廊

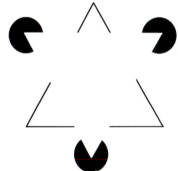

图 31 "看不见的"三角形

[30] *A Dictionary of Art Terms and Techniques* [M]: 72. 另见美术术语与技法词典[M]: 98。
[31] Quitilian. *Institiutio Oratoria.* Ⅻ. Ⅹ, 1–10.Pliny. *Natural History*, ⅩⅩⅩⅤ, 67.
[32] Pliny. *Natural History*, ⅩⅩⅩⅤ, 64–66.
[33] Pliny. *Natural History*, ⅩⅩⅩⅤ, 67.J.J.Pollitt. *The Art of Greece*, 1400–313B.C.[M]: 158–159, note 96.
关于对volume，mass概念的理解，还受到邵宏教授于2022年7月的线上讲座"与潘诺夫斯基一句话相关的术语汉译及图解"的启发，影响了笔者关于这两个概念和艺术风格关系的思考，对本文的撰写有重要影响，特此鸣谢。

图32 提香，《圣母与圣徒和佩萨罗家族成员》，
1519—1526，布面油画，478厘米×266厘米，威尼斯
的圣母玛利亚—荣耀之家

图33 图32去色图

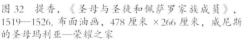

同角度的错觉。在用色上，宙克西斯他们是在同色相基础上，通过增加白色或黑色来改变明度的变化，塑造对象的立体感。鲍西亚斯则减少黑色的使用，将整头牛涂黑，赋予牛身阴影之外的深色阴影。鲍西亚斯将作品平面分解为多个色块，平面上的所有事物看起来是立体的。[34]事实上，鲍西亚斯用明暗对照法的另一种方式制造了立体效果，通过色块来统一构图，借此创造了一种表现性的特质，强调的是利用更深色的色相暗示阴影（图30），表现渐变的立体感。因此，文杜里认为，鲍西亚斯的方法强调的是色彩特征，[35]和格式塔心理学完形定律中的"闭合律"有关，人们"倾向于将不完整的图形知觉为闭合的或完整的"（图31）。[36]总之，这类运用"投影法"的作品，再现的不是艺术家眼之"所见"，而是他们对对象的"所知"。[37]古代的色彩特征风格将与文艺复兴时期威尼斯画派风格的遥相呼应（图32、图33），另见本书《威尼斯画派的艺术风格》。

在色彩的运用方面，老普林尼还告诉我们，阿佩莱斯每次完成作品后，他都在画面上涂一层薄薄的釉料，这样做一方面可以防止绚烂的色彩令眼睛不适，一方面在一定的距离观看作品时，可以不着痕迹地使颜色柔和。[38] 换言之，阿佩莱斯的做法是为了降低色彩的饱和度，让作品看起来更贴近真实。老普林尼推崇阿佩莱斯等艺术家仅仅使用白色、黄色、红色和黑色这四种颜色，就创造出不朽的作品。[39] 他提到阿佩莱斯只用四种颜色，就描绘出亚历山大的肖像，他的手指是立体的，闪电似乎从画作中投射出来。[40] 因此，如果阿佩莱斯要在仅有黄色、红色两种色相的基础上再现出立体感，他就得利用黑色和白色与黄色、红色相混合，从而通过色相的明度变化塑造立体感。

另外，老普林尼还肯定阿塞尼奥正是因为用色朴素，其作品中的学问得以彰显。[41] 在他看来，"艺术家用的材料越少，最终的作品在所有方面上的呈现就更好"，他批评人们只是为物质的价值而激动，却不是为艺术家的天赋而欢呼。[42] 这再次证明老普林尼更重视的是艺术品的构思，他与维特鲁威、卢奇安等古罗马批评家，都认为敷色的发展是艺术衰落的原因。不过，普鲁塔克则声援敷色，认为运用色彩能制造更强烈的错觉，从而在观者脑海中生成更生动的形象，因此，敷色优于素描。[43] 事实上，古人零碎的色彩观念，已经暗含了线性特征风格和色彩特征风格在色彩运用上的不同：线性特征风格的艺术家，他们利用明度变化再现立体感，推崇过渡自然、柔和、饱和度适当的色彩。色彩特征风格的艺术家，则通过鲜艳的色彩制造更生动的错觉，表现对象的情感（图34）。

老普林尼认为，有的艺术家擅长区分不同的形象，有的艺术家擅长透视布局（即准确安排不同物体的位置），然而，阿佩莱斯超越所有艺术家，因为其他艺术家都无法达到优雅，只有阿佩莱斯知道何时停笔。[44] 事实上，此处的"优雅"与柏拉图、亚里士多德、修辞学家推崇的"适度"有关，属于伦理问题，这个观念将影响推崇古典艺术标准的后人，影响学院艺术的评价标准。那些在不同时代打破这套标准的艺术家，他们的作品因此而"离经叛道"，这与艺术本体的形式问题无关。

[34] Pliny. *Natural History*. XXXV, 123–127. J.J.Pollitt. *The Art of Greece*, 1400–313B.C.[M]. 170–171.
[35] 艺术批评史[M]: 43—44。另见Lionello Venturi. *History of Art Criticism*[M]: 42.
[36] R.J.斯腾伯格、K.斯腾伯格，认知心理学[M]，邵志芳译，北京：中国轻工业出版社，2016: 101–102。
[37] *Understanding Art: An Introduction to Painting and Sculpture*[M]. David Piper ed., New York: Portland House, 1986: 93.
[38] Pliny. *Natural History*. XXXV, 97.
[39] 同前，XXXV, 50.
[40] 同前，XXXV, 92.
[41] 同前，XXXV, 134.
[42] 同前，XXXV, 50.
[43] Plutarch. *Moralia*. 16C.
[44] Pliny. *Natural History*. XXXV, 79.

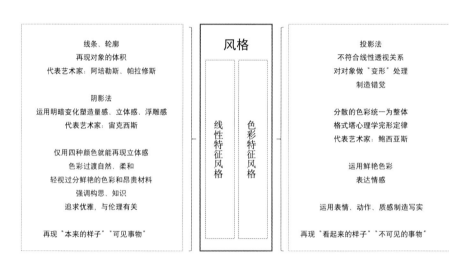

图 34　两种风格特征要点示意图

三、再现"本来的样子"和"看起来的样子"

　　根据普鲁塔克的记载，在众多描绘亚历山大形象的艺术家中，雕塑家利西波斯作品的效果与别人不同：

　　看来只有利西波斯能用青铜表现亚历山大的性情，而且他塑造的形象刻画了亚历山大的本质天性。其他人想模仿亚历山

[45] Plutarch. *Moralia*. 335B.
[46] Pliny. *Natural History*. XXXIV, 61–65.
[47] Plutarch. *Moralia*. 335A.
[48] *History of Art Criticism*[M]: 41.艺术批评史[M]: 42。
[49] Xenophon. *Memorabilia* Ⅲ, Ⅹ, 6–9.

大扭动的脖子，柔和清澈的眼神，然而，他们都没能留存亚历山大的男子气概和犹如狮子般的神情。[45]

　　简言之，其他艺术家即使再现了亚历山大的面容、眼睛和动作，都没能像利西波斯那样表现他的性格。根据老普林尼的记载，雕塑家利西波斯不仅改良了比例法则，更重要的是，他以大自然为师。在他之前的艺术家再现的是对象"本来的样子"（as they were），而他再现了对象"看起来的样子"（as they appeared to be）。[46]正如当时有人在雕塑上雕刻的文字所示，这尊雕塑仿佛仰望天空，向宙斯如此说道："土地已经踩在我的脚下，宙斯，守好你的奥林匹斯山吧！"所以，利西波斯不仅再现了对象的外貌特征，还再现了亚历山大的内在性格。[47]文杜里认为，老普林尼是从艺术效果，而非从抽象几何形式角度评判利西波斯的艺术。[48]此处结合前文的分析，可以推测利西波斯通过"变形"再现了对象看起来的样子和性格特征。

　　历史学家、作家色诺芬记载了苏格拉底与雕塑家克莱托之间的一段对话，更详细说明了艺术家如何再现"艺术错觉"，即事物看起来的样子：

　　克莱托，我看过你的跑步者、搏斗者、拳击手和战士雕塑，它们都是美丽的。但你如何在它们身上制造出最能让观者着迷的生动错觉？

　　由于克莱托感到困惑，他并没有立刻回答。苏格拉底继续说道：

　　你是否通过忠实再现人的造型，使得雕塑看起来栩栩如生？
　　的确如此。
　　而且，由于人体的不同部位受姿势影响——皮肤皱起或紧绷，肢体蜷缩或伸展，所以，你不精确再现身体部位，它们反而因此看起来更真实，更让人信以为真？
　　是的，的确。
　　是否不精确模仿影响人肢体活动的情感，也能让观者信服？
　　噢是的，大略如此。
　　那么，绝不能精确模仿战士眼中令人恐惧的样子，也不能精确表现征服者脸上胜利的表情？
　　肯定如此。
　　紧接着，雕塑家在作品中就必然能再现心灵的活动。[49]

　　所以，倘若以亦步亦趋的方式忠实再现对象，只能让对象看起来似乎是有生命的，

图35 奥德修斯洗脚，红绘式，公元前5世纪，
阿提卡双耳大饮杯

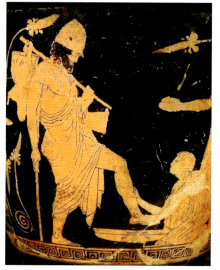

图36 图35局部

呈现对象"本来的样子"。一旦不再精确描绘对象的客观形体、动作和表情，即"变形"，就能再现对象的情感、心灵活动这些抽象的内容，呈现对象看起来的样子，形成更具说服力的栩栩如生的"错觉"。

苏格拉底和画家帕拉修斯讨论了再现"可见的事物"与"不可见的事物"：

帕拉修斯，绘画再现的是可见的事物吗？至少，你们画家用颜色描绘和再现人像在光影之下的各个部位，坚硬与柔软的部分，粗糙和光滑的质感，年轻人和老年人。

的确如此。

更进一步而言，当你要模仿不同类型的美时，你很难找到一个完美的模特，以至于你只好将多个人最美丽的局部组合起来，设法画出看起来美的形象。

是的，我们是这样做的！

嗯，你也模仿心灵的特点吗，它最能让人着迷、愉悦、和蔼可亲，引人入胜，讨人喜欢，还是无法模仿这些特点呢？

噢，不能，苏格拉底；怎么会有人能模仿你刚才所说的特点？它没有匀称的比例，也没有颜色，而且无法看得见。

通常来说，人们是否用眼神来表达同情和厌恶的情感？

是的。

至此，难道不能通过眼睛来模仿吗？

的确。

你是否认可无论人们是否在意，他们朋友脸上流露出来的快乐和悲伤的表情是一样的？

噢，不是的，当然不是：他们开心的时候，看起来容光焕发，悲伤的时候看起来则垂头丧气。

那么画家是否也能再现这些神情呢？

当然可以。

此外，无论身体处于静止或活动状态，高贵的品质和尊严，谦虚和卑躬屈膝，谨慎和通情达理，傲慢和庸俗，这些都能在脸上和身体的姿势上显现。

是的。

[50] Xenophon. *Memorabilia* III X, 1–5.
[51] Pliny. *Natural History*, XXXIV, 59.
[52] Pliny. *Natural History*, XXXV, 98.
[53] 同前，101—106。

那么这些你们也能模仿，还是不能模仿呢？

可以模仿。

你认为哪一种人更令人喜欢呢，是容貌和举止表现出优美、灵巧、可爱特征的人，还是容貌和举止表现出丑陋、道德败坏、令人厌恶的人呢？

这绝对是很大的差别，苏格拉底。[50]

因此，艺术家通过脸部表情和身体的姿势都能再现"不可见的事物"，即心灵的状态，表现对象的心灵活动、情感，抽象的个性特征（诸如美、善、可爱、丑陋、卑鄙），影响作品看起来是令人愉悦，还是令人厌恶。例如，在图35中，奥德修斯的奶妈在给他洗脚时，艺术家捕捉到了奶妈"认出"奥德修斯那一瞬间的停滞动作，以连贯动作的戛然而止，以及抬头微微张嘴看着奥德修斯的脸部表情，表现了人物此刻惊讶的内心世界。简言之，艺术家只需要借助动作和表情，即可达到此时无声胜有声的效果。

根据老普林尼的记载，第一位恰当表现肌肉和血管的艺术家毕达哥拉斯（Pythagoras），他表现蹒跚行走人的雕像，能让看到它的观者感觉到痛。[51]换言之，毕达哥拉斯的作品通过解剖上的细节能更生动再现对象，引发观者的共情。老普林尼还告诉我们，阿里司提德（Aristeides）使用非常耀眼的颜色，成为第一位表达情感的画家。[52]所以，通过人体动作或脸部表情的变形、解剖细节和鲜艳的色彩，都能表现抽象的情感和不可见的事物。

普洛托格涅斯想再现一条气喘吁吁狗儿的唾沫，但是无论他使用什么艺术方法都无法成功。因为他想作品达到写实（reality）的效果，而不仅仅是逼真（verisimilitude）。在恼怒的情绪下，他把海绵扔到画作中，竟然制造出自然的效果。[53]如此，艺术家通过质感（texture）制造了写实效果，实际上，威尼斯画派也是通过再现不同材质以及它们的反光，制造生动的写实效果。

综合以上内容来看，艺术历程的完美伴随着艺术风格从理想主义到自然主义的转变：从采用不同的匀称法则，促使艺

图37 德尔斐的车夫，来自阿波罗的圣殿。公元前470年，青铜，1.8米高，德尔斐考古博物馆

图38 图37局部

风格从强调再现对象"本来的样子"、相似性（likeness，如图 37、图 38），到打破理想主义的真实的精确性，运用短缩法再现人物的不同动态，以表情、色彩、解剖细节再现心灵的活动、情感、人物的性格，表现对象"看起来的样子"。古代模仿"可见事物"与描绘"不可见事物"的观点，将影响文艺复兴时期阿尔贝蒂、莱奥纳尔多、洛马佐等人关于感情表现的讨论。

Chapter 2
第二章

阿尔贝蒂观念中的形式

一、几何图形与形式特征

西方第一本真正意义上讨论视觉艺术的理论著作是建筑师、理论家莱奥·巴蒂斯塔·阿尔贝蒂（Leon Battista Alberti, 1404—1472）撰写的《论绘画》。由于阿尔贝蒂受自由艺术教育的影响，他的艺术观念与古代艺术观念、人文主义修辞学的观念都有着密切的联系，这直接影响了《论绘画》的体例，阿尔贝蒂分别从数学、自然和实践三个方面讨论艺术。在《论绘画》第一书中，阿尔贝蒂从点、线、面、构图和明暗的角度讨论艺术，其中、线条、色彩、明度都是形式特征和作品中的构图元素。而根据"形式"来分析、评价作品，就涉及"风格"研究的核心形式主义（*formalism*）。[1]因此，阿尔贝蒂的形式观还与艺术风格密切相关，尤其与佛罗伦萨画派的线性特征风格关系最为直接。

（一）线条

阿尔贝蒂在《论绘画》的第一书中，从几何知识的角度将艺术形式看作点、线、面的组合。[2]他推崇精微并且几乎不可见的线条，如果线条可见，它们在绘画中看起来就不是面的轮廓，而是裂缝。[3]这种情况在拜占庭艺术以及文艺复兴早期艺术中尤其明显（图1、图2）。在他看来，绘画的目的是再现"可见的事物"，这与人们的观看行为有关：首先，我们看到物体占据一个空间，画家沿着这个空间勾勒线条，这个过程叫作画轮廓。然后，人们看到物体由面组成，画家画下这些面的正确组合关系，称之为构图。最后，人们逐渐看清楚面的色彩，由于光影响面的色彩，人们把艺术家再现的色彩称之为明暗。[4]这种按部就班的作画方法，将影响佛罗伦萨画派为正稿预先准备素描草稿，强调构思的重要性做铺垫。这种具有"计划性"的创作的过程，与威尼斯画派的"即兴性"作画过程相对。

因此，绘画由轮廓、构图和明暗三个部分组成，而且，他

图1 奇马布埃，《圣母登基》，镶板蛋彩画，385厘米×223厘米，乌菲齐美术馆

图2 图1局部

[1] 美术史的观念[M]：148。
[2] Leon B. Alberti. *On painting and on sculpture*, [M]. translated by Cecil Grayson. London: Phaidon Press, 1972: 36–37.
[3] 同前。
[4] 同前、67。

图 3 桑德罗·波提切利，《维纳斯的诞生》局部，1483—1485 年，蛋彩画，佛罗伦萨乌菲齐美术馆　　　图 4 提香，《维纳斯和阿多尼斯》局部，1550 年，布面油画，106.7 厘米 ×133.4 厘米，朱尔斯·贝奇收藏

强调"没有画出轮廓，构图和明暗不会得到赞赏"。[5]他将线条放于首位的艺术观与古人的观念不谋而合。[6]阿尔贝蒂将色彩放在绘画过程的最后一部分，似乎无意中强调了线性特征要优于色彩特征。事实上，古代艺术家即使不用色彩，只用白色轮廓线也能勾勒出有着深色皮肤的印度人。对比佛罗伦萨画派和威尼斯画派的作品（图 3、图 4），在波提切利的作品中，每一缕头发都具有清晰的线条和明暗渐变，人物有着犹如雕塑一般清晰的立体感。在提香的作品中，他将头发看作整体来分配明暗的渐变关系，粗犷的笔触取代清晰的线条，色与色之间没有渐变的过渡，与眼睛看到的效果更相近。

（二）面的属性与组合

面由线条组成，它只有长度和宽度，没有深度，[7]因此，线性特征艺术风格的作品有图案特征。面的属性包含固有属性和偶然属性，固有属性有两种，一种是封闭面的外轮廓线，另一种固有属性与皮肤相似，有平面、球面和凹面，以及它们的组合。固有属性改变，面也跟着改变。[8]鉴于轮廓线决定事物"是什么"，轮廓线因此在面的所有属性中最为重要，这与古代重

[5] 同前。
[6] Pliny. *Natural History*, XXXV, 67.
[7] Grayson译本，36—37。
[8] 同前，37。
[9] 同前，39—45。
[10] 同前，68。

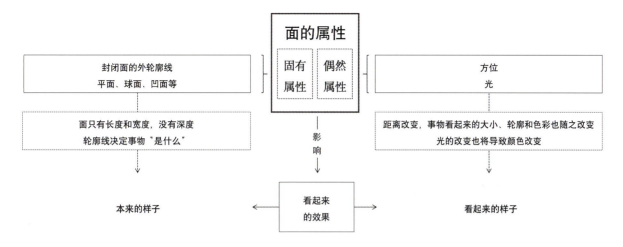

图 5　面的属性示意图

图 6　丢勒,《认识测量》(*Underweysung der Messung*)中的插图,介绍画透视的一种方法

图 7　丢勒,《艺术家正在绘制斜倚女子的透视图》,约 1600 年,木刻,7.7 厘米 ×21.4 厘米,大都会艺术博物馆

视线条价值的艺术观相同。面的偶然属性包括方位(position)和光。倘若距离改变,事物看起来的大小、轮廓和色彩也随之改变。例如,远距离和空气的密度都能影响光线和色彩,从而导致事物清晰度降低。光的改变也将导致颜色改变,处于光线之下和处于阴影当中的同一种颜色,它们看起来并不一样。简言之,方位和光都能影响事物看起来的效果,从而有了事物"看起来的样子"与"本来样子"的分野(图5)。[9]

　　为了方便组织面与面的关系,阿尔贝蒂发明了工具——纱屏。(图6、图7)借助纱屏作画有三大用处:首先,纱屏呈现不会改变的面,一旦艺术家选定轮廓线的位置,他就能立刻寻找到视觉锥体的顶角。其次,"……能轻易在画板上最肯定地确定轮廓线以及面的界线位置;正如你所看到的那样,额头在一个平行面上,鼻子在下一个平行面上,脸颊在另一个平行面上,下巴在下方的平行面上,所有事物看起来都在布局中结合起来,相类似地,你能在划分了平行面的画板或墙上,将所有最美的部分迅速地汇聚在一起。"[10]

　　也就是说,借助纱屏可以在画板上最精确地确定事物轮廓的位置和面的边界,使所有特征(如额头、鼻子、脸颊、下巴)在画板上精确定位。而且,纱屏还能使所有特征

图 8　乔托，《确定圣方济各会规则》，1325—1328 年，湿壁画，280 厘米 ×450 厘米，佛罗伦萨巴迪教堂

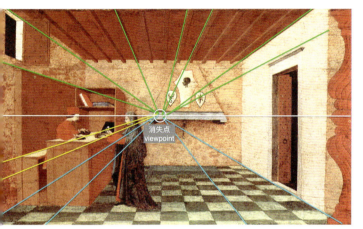

图 10　保罗·乌切洛，《被亵渎圣体的奇迹》，1465—1469 年，蛋彩画，43 厘米 ×351 厘米，意大利乌尔比诺国家美术馆

图 9　乔托，《圣母登基》，约 1310 年，蛋彩画，325 厘米 ×204 厘米，乌菲齐美术馆

最完美地形成布局，有助于形式元素的组织与安排，快速完成构图。最后，画家在纱屏的平面上看到的物体是立体的。[11] 实际上，轮廓的位置和面的边界与事物的"体积"有关，立体感与"量感"有关，这两者都是古代艺术家的艺术追求。根据老普林尼的记载，古代艺术家能表现出体积或量感都是伟大的成就，能做到其中一种的艺术家就能获得名声。[12] 因此，纱屏的发明无疑是针对古代艺术目的而设计的工具，它也为艺术家理性制作提供了帮助，与匠人凭感觉的制作不同。

　　使用纱屏还可以解决艺术家受所处方位的影响，从而导致面看起来的样子不同的难题。即利用我们后人所说的单点透视，

[11] 同前，68—69。
[12] Pliny. *Natural History*, XXXV, 67.
[13] Grayson 译本，54—55，57—58。

 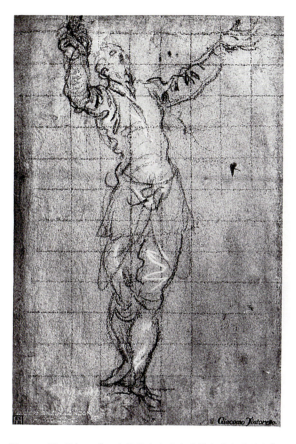

图 11 拉斐尔，《卢克雷蒂娜》，1483—1520 年，蘸水笔和棕色墨水覆盖在黑垩上，局部有尖笔雕刻，39.7 厘米 ×29.2 厘米，大都会艺术博物馆

图 12 丁托列托，《一个稍微向右站立的抬头男人的研究》，16 世纪中叶，炭笔，在蓝色纸上用白色提亮，35 厘米 ×24.1 厘米，大英博物馆

再现同一个角度看到事物的样子。在阿尔贝蒂看来，绘画作品犹如一扇打开的窗子，他尤其关注画面中心点位置的确定，因为它会影响观者是否与画面人物处于同一空间，影响真实感的制造。[13] 在文艺复兴初期，乔托（Giotto，约 1267—1337）已经尝试将建筑空间的透视关系与人物在空间中的关系相统一，以此模仿真实的空间（如图 8），但是，他尚未能调和两者的关系，图 8 与图 9 都存在多个消失点。保罗·乌切诺（Paolo Uccello，1397—1475）的作品（图 10）则严格遵循了阿尔贝蒂的这套方法，透视线汇聚在一个消失点上。

对比线性特征和色彩特征风格的艺术作品（图 11、图 12），线性特征风格体现的是面的固有属性，即面的线性特征和面的封闭性特点。它们强调对象轮廓的清晰、明确，再现对象本来的样子，光带来的错觉不是它们表现的重点。在丁托列托的作品中，线条

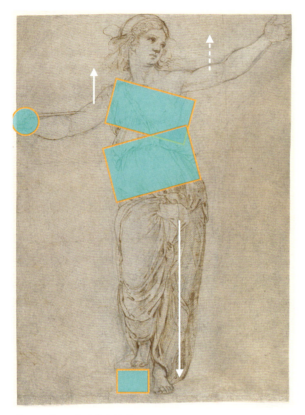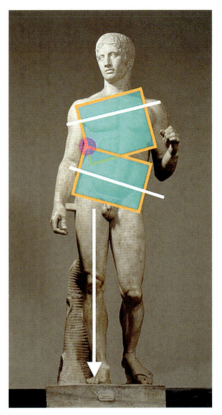

图 13　图 11 的形式分析图　　　　　　　　　　　　　图 14　《荷矛者》的形式分析图

之间的关系不仅没有组成封闭的面，而且线条变幻多端，我们也看不清人物有多少根手指，光线导致人物的左手相对于右手更含糊不清，因此，色彩特征风格强调的是面的偶然属性。

　　拉斐尔笔下的人物（图 13）双手臂轻微呈现出斜对角线横贯画面的姿势，这不仅打破了古埃及雕塑那种左右对称的呆板风格，而且，还在波利克里托斯的《荷矛者》的对立平衡（contrapposto）动态中做了改良。在图 14 中，荷矛者由于左手持着重物，左肩提起，右腿成为柱子支撑整个身体（白色箭头），头部转动的方向和承受身体重量的方向同步。另外，在他的这个动态中，右肩放松，胸部肌肉自然下垂，右腿垂直站立，左腿处于放松的状态，这就导致盆骨以上腹部肌肉块与胸部肌肉块形成紧张的冲突。因此，在图 14 中可以看到腰部（紫红色圆点）之处受力最大。

　　对比图 13 和图 14 来看，拉斐尔这张作品另有其构思独特之处：人物左手手臂举得比右手高，但是，右手握住事物，肌肉紧绷，这个姿势使用的力比左手动作需要的力更多。

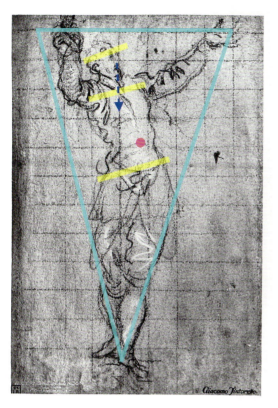

图 15　图 12 的形式分析图

图 16　《掷铁饼者》的形式分析图

其次，人物右脚下有一个阶梯，右腿因此处于放松状态。这两个构思使得女人左胸部的肌肉被提起，往左腿下方的重力得到缓和，两个肌肉方块也因此不会产生图 14 那样的强烈冲击力（图 13 中的两个方块之间没有紫红色圆点）。所以，拉斐尔笔下的这位女性的情绪虽然不如丁托列托描绘的男人激昂，但比荷矛者看起来更轻盈。

丁托列托的作品存在两个错误（与真实相对）：首先，如果要真实再现这个向后仰的男人，就应该参照透视原理对人的身长做相应的短缩。然而，男人的身体却被拉长，而且，男人的站姿形成了一个倒三角形（图 15），这就削弱了人物的重力感和稳定性，但也因此能给人以情绪高涨的印象。虽然，他上半身的头部、肩膀和盆骨部位的姿势，都是在水平方向上的动作（图 15 黄色直线），但是却并没有给人以稳定的感觉。丁托列托使用倒三角形的构图（湖蓝色三角形），而且，还改变了人体的比例，所以，他的作品在情感表达上更有效果。另外，男人胸腔和腿部恣意的高光也增强了画面的戏剧感，渲染了一种高昂的氛围。

　　另一个错误是男人上半身往后弯曲的动作和正在向其右后方站立姿势的两相矛盾。因为腰是人体的中心，一旦重力的中心离开它，人就会摔倒。而后背是支撑人体的柱子，它是人站立的根本。腰还是身体运动的起点，它带动身体其他部位运动，例如，引导腿旋转和身体弯曲。后背是腰和头部之间的桥梁，它支撑肩膀和手臂。[14] 所以，正如图 15 所示，可以看到男人的下巴（蓝色虚线指示着重力的方向）已经远离了肚脐（紫红色圆点），人体的重力跟随着头的后仰而后移，这时向后弯曲的后背已经无法成为支撑人体的柱子，更不消说它还要支撑肩膀和手臂往上举起的动作。而此时，右脚似乎还处于踮脚的姿势，或向后移动的某个瞬间，也就是说，它并没有站直去支撑头部的重力，后背腰部在这个瞬间受力最大。因此，如果在真实生活中模仿这个动作，人就容易因为上半身和下半身动作之间的不协调，以及重心的不稳而摔倒。

　　米隆的《掷铁饼者》也存在这样的矛盾：首先，米隆选择再现的这个瞬间是掷铁饼连贯动作中最能引人联想的时刻，让人仿佛看到掷铁饼者的身躯从俯身到直立，两个手臂从面向观者的方向转而向远处旋转的连续动作，与此同时，重力从右脚转移到左脚，从而完成动作。（图 16）也就是说，在这一系列的动作中，需要掷铁饼者的身躯，手臂和双脚的动作协调统一。在图 16 中，掷铁饼者躯体弯曲形成线条 1，产生压缩的力。而张开的手臂与肩膀连接起来，形成线条 2。不过，不要将笔者在图 16 中画的线条 1 看作是平面意义上的弧线，它不是从躯干延伸到雕像右腿的弧线，其实，线条 1 已经沿着躯干中轴线扭转延伸到雕像的左腿。换言之，雕像就像被拧紧的毛巾那样，掷铁饼者的腰部相当于被拧毛巾的中部，是上半部身躯和下半部身躯之间发生旋转动作的发力点。通过躯体旋转，人体腰部形成张力，手臂和双脚将要在这个力的带动下来完成掷铁饼的动作。

　　掷铁饼者看起来仿佛是其右边的小腿在承受重力，左边小腿处于松弛状态。然而，从图 18 来看（湖蓝色箭头），雕像的右脚实际上并没有站直，无法像柱子那样承受身体的重力。倘若换一个角度看雕像（图 17、图 19），能更清楚地显示雕像右脚脚跟有往内缩，左脚脚趾头有往外滑的趋势。此时雕像的上

[14] Takashi Iijima. *Action Anatomy*[M]. New York: Harper Design, 2005: 72.

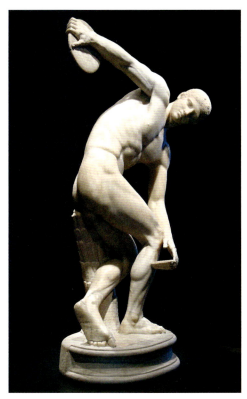

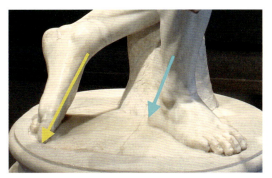

图18　《掷铁饼者》的局部

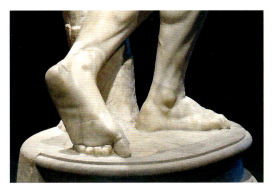

图17　另一角度的《掷铁饼者》　　　　图19　图17局部

半身重力已经离开腰部，双腿交叉且向着反方向用力的矛盾动作无法支撑上半身躯的动作，如果人们模仿这个动作就必然会摔倒。倘若根据联想的动态，雕像的受力点分别在右脚脚跟和左脚脚趾（图18中的箭头），可见，左右两条腿的姿势是不同阶段动态的姿势。因此，米隆将一个连贯动态过程中不同阶段的特征综合在一个静态的雕塑中，这就使得雕塑产生了不同时间状态的综合与拼贴感。

　　因此，丁托列托表现的男人和米隆的掷铁饼者一样，都能让观者感受到动态的表现，具有动感，但都不真实。至于拉斐尔笔下的人物，即使有着看似张扬的动态，但是，由于他对古代对立平衡动态的改良，消解了部分的张力，这就使得作品看起来依然优雅惬意。综上对比来看，色彩特征艺术风格不考虑数学层面的真实，强调对象的动态和情感的表达，人物的比例与真实不符，具有变形、失真的特点。光线对色彩特征风格的影响体现在轮廓线的清晰度上，以及线条不具有封闭性。简言之，色彩特征风格针对的是面的偶然属性，强调光或方位如何影响对象"看起来的样子"和视觉效果。

　　在《论绘画》第三书开篇，阿尔贝蒂提到画家的职责："在平面上用线条和色彩绘制人体，它们有固定的间距和确定不变的中心视线位置。在人们看来，以这样的方式再

图20 汉斯·霍尔拜因,《向左转身的巴塞尔妇女,服饰研究》,约1523年,蘸水笔、墨水、画笔、灰色淡彩,29厘米×19.8厘米,巴塞尔艺术博物馆。

图21 图20局部

[15] Grayson译本、94—95。
[16] 同前、45—47。
[17] 美术术语与技法词典[M]: 555。
[18] Grayson译本、101。
[19] Grayson译本、71。
[20] 美术史的基本概念: 后期艺术风格发展的问题[M]: 54—55。

现的人体具有立体感,与那些人体完全一模一样。"[15]所以,这种将绘画作品看作是有"固定的间距和确定不变的中心视线位置"的窗外景色,显然影响了线性特征风格作品对"空间性"和"正确"的强调,而无法像色彩特征风格作品那样,在"错误"中呈现"时间性"。

(三)面的受光

在阿尔贝蒂看来,面的受光(即明暗)是影响面看起来不同,或者呈现出不同样子的第三个条件。色彩根据光的变化而改变,没有光就没有色彩。阿尔贝蒂认为只有与火、气、水、土这四种元素对应的四种颜色——红色、蓝色、绿色和灰色,其他颜色都是这四种颜色与白色或黑色的混合。当颜色混合黑色愈多,颜色的清晰性和亮度降低;混合白色愈多,颜色愈纯愈明亮。画家用白色表现光辉的闪烁,用黑色表现最暗的阴影。[16]可见,阿尔贝蒂在此谈论的正是现代颜色的三个基本特征中的明度(value),即"艺术家用来表示从黑到白的灰色级谱亮度的术语。"[17]

另外,阿尔贝蒂建议艺术家临摹雕塑作品,不要临摹杰出画作,因为,模仿绘画只能获得相似性,模仿雕塑不仅可以再现相似性,还可以再现光的正确入射角度。[18]换言之,阿尔贝蒂推崇的是通过表现"光"来实现犹如雕塑的立体感,线性特征风格的作品在用色上即是采用这种方法,这种方法更古老的源头来自古希腊艺术家宙克西斯等人。

阿尔贝蒂还建议,如果一个面逐渐由暗变亮,那么,艺术家应该在这暗部和亮部的中间画一条线,以免在敷色过程中感到不确定。[19]在后来艺术家的作品中,的确能在他们的作品中看到这样明确的线条。正如沃尔夫林所言:"一种根本不同的观察方式出现了:不仅织物的边缘线,连衣纹和褶皱的凹凸形状也是用线画的,到处都是清晰坚实的线条。光和阴影也得到了充分的运用,但它有别于涂绘的风格,因为线描的素描完全臣服于线条。"(图20、图21)[20]因此,阿尔贝蒂强调绘画的轮廓线、面的固有属性、面与面的关系,利用单点透视和明度的变化塑造立体感，这些都能在佛罗伦萨画派艺术家的线性艺术风格作品中找到印证。

佛罗伦萨画派和威尼斯画派的素描在明暗上有着明显的不同，对比拉斐尔和鲁本斯、丁托列托的素描（图22、图24、图28），拉斐尔描绘的每个人体的明暗主要是亮面和灰面为主，暗部的比例相对较少，他选择的光是温和的。在后两位艺术家中，亮部和暗部交错的关系非常剧烈（图25中橙色区域代表亮部，蓝色区域代表暗部），选用的仿佛是舞台的灯光。为了更好地体现光在人体肌肉上的闪烁，在色彩特征风格艺术家的素描作品中，可以看到他们笔下人物的肌肉团块非常突出（图24、图28），拉斐尔笔下人物的肌肉团块的凸面比较平缓，这就有利于光线在人体上以渐变的方式散布（图22），达到阿尔贝蒂所提倡的渐变美。

在构图上，拉斐尔的作品（图23）运用了几何知识实现了平衡：首先，画面中包含了三组三角形构图，紫红色和黄色三角形区分了近景处的两组人物，也是这幅作品中的主角新郎和新娘所在的区域。整幅作品中还有一个黑色三角形将所有人物囊括在一起，形成一个稳定的整体。另外，罗克萨娜的坐姿水平面形成蓝色三角形区域，远处四个小孩在抬着另一个孩童的动态也形成了一个蓝色三角形区域，这两个区域不仅形状相似，而且在水平面上相呼应。罗克萨娜和被抬的孩童，他们不仅在坐姿上相呼应，新娘微微向前俯身的姿势和孩童仰着身子坐的动态方向相反。

其次，人体的手臂和周围事物组成的区域（画面中用白色箭头半围合的区域）还能引导观者望向作品的不同部分，区域1、4、5指引观者看向新娘，区域2和区域1、4方向相反，形成画面中央的张力。区域2指向区域3，区域3指向新郎和新娘脚边蹲着的天使，因此，形成具有几何特征的封闭性观看路径，即阿尔贝蒂所说的"面"的固有属性。再者，画面中人物的动态也有呼应的关系（笔者以同色圆圈标注），如绿色圆圈圈住的新娘和仰坐的孩童，前者低头，后者抬头。黄色圆圈圈住新郎和其右前方的男性呼应，他们在身高上相似，并且同样是三角形区域最高点所在的位置（黑色和紫红色三角形）。相应地，他们前方各有一个孩童（蓝色圆圈），它们也形成呼应关系。在区域2，拿着长矛的两个孩童（红色圆圈所在的位置），一个孩童的脸在亮部，另一个孩童的脸在阴影处。橙色圆圈圈住的孩童，一个仰头，一个相对低头。在画面右方，紫红色圆圈圈住的孩童则以镜像对称的角度仰头。因此，拉斐尔的作品通过运用几何形式的对称关系，运用柔和光线塑造立体感，给观者制造了稳定、平和的感觉。

在色彩特征风格作品中，光影的强烈对比关系和人物强烈的动态关系组合非常突出。如在鲁本斯的《以色列人与巨蛇的摔跤》中总共有八位人物（图24），其中有三位主要人物（图25中的A、B、C），以及在空间上处于三位主要人物后面的人物a、b、c。还有两位人物D、E的脸部形成镜像对称，这在画面中本属于几何法则的运用，然而，他们脸部大小不同。因此，艺术家打破了几何法则上的呆板，让它们形成大小上的对比和动感。

图 22　拉斐尔，《亚历山大与罗克萨娜的婚礼》，1517 年，在金属铅笔草稿上敷有红垩，
22.8 厘米 ×31.7 厘米，维也纳阿尔伯蒂娜博物馆。

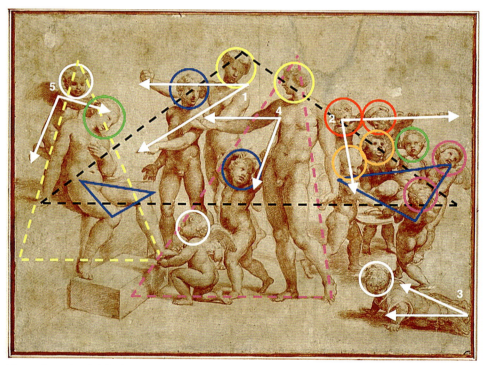

图 23　图 22 的形式分析图

图 24　鲁本斯，《以色列人与巨蛇摔跤》，1609—1630 年，在浅黄色草稿纸上敷有粉笔、蘸水笔、棕色墨水、棕色和灰色淡彩，用白色画高光，38.4 厘米 ×59.6 厘米，大英博物馆。

图 25　图 24 的形式分析图 1

图 26　图 24 的形式分析图 2

图 27　图 24 的形式分析图 3

　　对比图 24 和图 25 来看，人物 A 的脖子和右腿被一条蛇紧紧缠绕，相当于将他的上半身和右腿压缩锁住（紫红色弧线），此时其腰部受力最大。人物 B 弯曲蜷缩着身子，倘若以他侧身伏地的姿势而言，其腰背这时需要和右手一起发力支撑，而他抬起来的左脚也加重了腰背的受力。他的头部直面巨蛇横冲，脖子部分的肌肉在剧烈扭动的同时也在紧绷发力，而且，他的左腿也被蛇锁住。因此，这些外力都加重了人物 B 腰部和肘部的受力，也能让观者感到紧张。人物 C 被蛇锁住脚踝，他的大腿和膝盖紧紧收拢，此时不仅产生了收缩力（脚踝一前一后的姿势更加凸显出它们的受力），还由于他下半身高于头部的倾斜姿势，以及以犹如被拧的毛巾那样扭曲的姿势躺着（这个姿势与蛇扭动的身子动态呼应），这就使得他的腰部和膝盖紧张受力。人物 a 的腰部和头部的动态也犹如被扭动的毛巾，同样形成了一股张力，而且，他还抓住人物 A 的左腿，这也使得人物 A 更难挣扎。

　　因此，综合这四位人物的动态而言，在画面中，白色实线箭头标注的地方指出了画面中令人感到张力最强最集中的地方（图 25 中的红色圆点附近）。在这个位置还形成了凹陷空间，因此明暗关系的对照更强烈。另外，画面上虽然有着不同明度的光分散开来，然而，画面主要由两大块光面组成（图 27 中的绿色三角形区域），这两个三角形的底边并不与水平面平行，因此，这样的构图加强了画面上的不稳定感。对比图 25 和图 27 来看，画面中空间凹陷最深的地方，人体姿势形成的张力最集中的地方，正好是整幅画面中最暗的部分。因此，具有色彩特征风格的艺术家，他们关注的是人物剧烈动态和剧烈光线之间的统一。

　　画面中人物肢体或躯干的动态方向具有发散性，这就进一步形成了画面上空间的延伸（图 25 中的白色虚线箭头）。画面中次一级的人物 a、b 也由于扭动的躯干姿势而产

图 28　丁托列托，《研究米开朗琪罗的〈白昼〉》，1550—1555 年，黑白粉笔，35 厘米 ×50.5 厘米，
大都会艺术博物馆

生了张力（图 25 中的湖蓝色箭头）。人物 c 双手向前推的姿势（绿色箭头），引导观者
看向人物 A，连接了画面远处和近处的关系，形成延伸上的连贯性。还需要指出的是，
如果留意图 25 画面中紫红色的线条（即蛇主要所在的位置），可以发现它们是不规则地
分散在画面中的，与分散在画面中的高光一样（图 26），这显然也不是几何知识在构图
上的运用。

二、构图、得体与秩序

　　古罗马修辞学家常常在讨论修辞学的时候，将修辞学与艺术相类比，这个做法被文艺复兴时期的人拿来用之，其中就包括阿尔贝蒂。在《论绘画》的第二书中，他借鉴了修辞学中的发明原则（inventione），认为绘画艺术的伟大的特质首先存在于发明当中[1]，即"对真实的或者似乎是真实的主题的构思，使人们信以为真"[2]。阿尔贝蒂还将绘画组织形式的模式，即"构图"转变为修辞学中的布局（compositione）概念，由此，将修辞学中的得体（decorum）原则用于评价构图。这些评判标准虽然能与佛罗伦萨画派的特点相对应，但艺术家凭借着创造力逾越于这些规范之上。威尼斯画派不仅打破了阿尔贝蒂的艺术评判标准，他们还以新的形式法则标新立异。

（一）构图的得体

　　西塞罗在讨论修辞学中的布局与得体的关系时，将修辞学与艺术相类比：

　　　　美丽的人体与和谐匀称的肢体能吸引人们的注意力，让眼睛感到愉悦，同理，所有部分以和谐和优雅的方式相组合，也能引起人们的兴趣，带来快感。这样的得体体现在我们的行为举止中，它在每一句话和每一个行为中推行秩序、一致性和自我克制，因此，它获得我们同侪的认可。[3]

　　换言之，西塞罗评判布局的标准是伦理学中的得体，指出布局中的部分和整体如果具有相一致的关系时，布局就具有得体、秩序、一致性、适度、美的属性，令人愉悦。阿尔贝蒂参照修辞家的做法，将人体的组合关系与构图相类比，他从几何形式中的面、身体部位、人体、图画这四个层次的等级关系讨论绘画的效果，认为图画由人体组成，人体由身体部位组成，身体部位由面组成，[4]正如单词组成短语，短语组成从句，从句组成语句。单词与面对应，短语与身体部位对应，从句与人体对应，语句与图画对应（图1）。[5]由于评价布局的标准是伦理学意义上的得体，因此，得体的构图具有秩序、一致性、适度、美这些特点，令人愉悦。

　　构图当中最小的形式元素是"面"，面的组合能让物体产生和谐与优雅，人们称之为美。倘若柔和的光在面的组合中形成令人惬意的渐变阴影，并且没有非常尖锐的角，

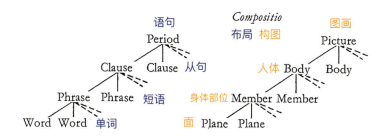

图 1 修辞学四个等级元素对应绘画四个等级元素的示意图（笔者在巴克森德尔的配图中附上中文翻译）

那么这张脸就是美的。老妇人的脸由大小不一、坑坑洼洼的面组成，这样的组合看起来是丑的。[6] 依据以上阿尔贝蒂的形式观，西班牙的玛丽亚·特蕾莎公主（Maria Theresa of Spain，1638—1683）22 岁和 10 岁左右的肖像画，分别属于美和丑的范畴（图 2 至图 5）。对比图 4 和图 5，可以在图 5 中看到人物五官轮廓线模糊，构成肖像的"面"没有自然的渐变，质感突出，这些都是古代色彩特征风格作品的特质。另外，图 4 比图 5 更润饰，润饰是线性特质风格作品的特质。顺带一提的是，瓦萨里在评价文艺复兴时期第三个时期的艺术风格时，认为第三时期艺术家"比以前其他大师们做得更润饰和完美"。[7] 瓦萨里将润饰和完美看作同位概念，体现了他对阿尔贝蒂的形式观和评价标准的认同与继承。

其次，身体部位的组合要在尺寸、姿势、属性、色彩等方面相一致，那么它们就与优雅、美相一致。在尺寸方面，描绘的人物头太胸小，手太脚浮肿，身体膨胀，这些构图看起来都是丑的。在姿势上，肢体的姿势应与正在发生的行为相一致。在属性方面，美女海伦的手不应该又老又粗糙，老人不应该有青年人的胸肌和脖子等。就颜色方面而言，年轻人白里透红的脸与令人生畏的黝黑胸脯不相匹配。所有事物都应与体面（dignitate）相一致，例如，不应该让维纳斯或密涅瓦女神穿军装，让战神马尔斯或朱庇特神穿女性衣服，[8] 这与维特鲁威讨论的得体原则相类似，在他看来，应根据神庙供奉的神，选择与它们气质相一致的柱式。[9]

再者。在叙事（istoria）中，人体的组合必须与人体的动态、

[1] Grayson译本，95。
[2] Cicero. *Rhetorica ad Herennium*.I.2.3.
[3] Cicero. *De Officiis*. 1.28.98.
[4] Grayson译本，73。
[5] Michael Baxandell. *Giotto and the Orators: Humansit Observers of Painting in Italy and the Discovery of Pictorial Composition 1350–1450*[M]. New York: Oxford University Press, 2006: 130–131.
[6] Grayson译本，73。
[7] *Le vite.*, 1103.
[8] Grayson译本，73—77。
[9] Vitruvius. I. 2. 5.

图2

图3

图4

图5

图6

图7

图8

图9

图10

事物的大小相一致。例如，如果描绘有半人半马怪物参加的喧嚣晚宴，有一个人不喝酒，躺在那里睡觉，那这个作品就是荒谬可笑的。如果人们之间的距离相等，有些人比其他人大很多，或者狗和马一样大，这些做法都是错误的，例如，在图 6 中，远处的牧羊犬比近处的羊体型还大。换言之，物体之间的大小关系和实物不一致，错在不真实。阿尔贝蒂认为，还有一种应该被批判的错误画法，即屋子里的人就像关在盒子中，他们根本无法坐下或蜷缩成团（图 7）。[10] 阿尔贝蒂虽然批评的是它们的不真实，然而，这些作品更具有装饰性，它们还没能脱离装饰艺术对构图的影响（图 8、图 9）。从图 10 来看，乔托已经发现这种错误，他已经在作品的构图中考虑室内空间高度和人身高的正确关系，体现了他对真实和模仿自然的追求。

　　阿尔贝蒂批评的不真实与维特鲁威批评的不得体相类似："芦苇取代圆柱竖立起来，小小的涡卷当成了山花，装饰着弯曲的叶子和盘涡饰的条纹；枝状大烛台高高托起小庙宇，在这小庙宇的山花上方有若干纤细的茎从根部抽来一圈圈缠绕着，一些小雕像莫名其妙地坐落其间，或者这些茎分裂成两半，一些托着小雕像，长着人头，一些却长着野兽的脑袋。"[11] 在维特鲁威看来，当时流行的这种壁画作品是一种不得体、堕落的趣味。

　　阿尔贝蒂认为值得称赞的叙事，能为人们带来愉悦和激动。绘画中人物和色彩的多样性就像食物、新颖的音乐，令人惊叹的事物，能让人们感到快乐。如果一幅画中有老人、年轻人、男孩、妇女、少女、儿童、家禽、狗、鸟、马、羊、建筑、乡村，那么这幅画就有着丰富的多样性。[12] 事实上，新颖、令人惊叹的事物能带来愉悦的观念与昆体良的观念相似，昆体良认为，如果演说家使用修饰制造愉悦，甚至赞叹，就更能说服听众。[13]

　　阿尔贝蒂提醒道，还要在丰富的装饰（ornatam）中保持节制、完整的体面和庄重。他不喜欢那些看起来很丰富或不留空白（vacuum）的作品，在他看来，这些作品没有系统的构图，所有事物以随意的方式零散分布，最终导致混乱的叙事。[14] 阿尔贝蒂对构图中空白问题的提及，已经触及空白恐惧（Horror Vacui）。它是一种心理现象，源自原始艺术内驱力的装饰冲动，

图 2　让·诺克莱特，《法国女皇玛丽亚·特蕾莎》，约 1660 年，148 厘米 ×177 厘米，布上油画，凡尔赛宫
图 3　委拉斯贵支，《西班牙公主玛丽亚·特蕾莎》，1651—1654 年，34.3 厘米 ×40 厘米，布上油画，大都会艺术博物馆
图 4　图 2 局部
图 5　图 3 局部
图 6　乔托，《乔基姆与牧羊人》，约 1304—1306 年，200 厘米 ×185 厘米，湿壁画，意大利斯克洛维尼教堂
图 7　洛伦佐·莫纳科，《希律王的宴会》，1387—1388 年，木板，金底覆盖，33 厘米 ×24 厘米，卢浮宫博物馆
图 8　盛水的仪式花瓶，公元前 4 世纪，赤陶，88.3 厘米高，大都会艺术博物馆
图 9　图 8 局部
图 10　乔托，《三贤士的朝拜》，1315—1320 年，湿壁画，圣方济各下殿

[10] Grayson 译本，77.
[11] 建筑十书[M]：138。
[12] Grayson 译本，79。
[13] Quintilian. *Institutio Oratoria*. 8.3. 1–6.
[14] Grayson 译本，79。

图 11　大理石石棺（局部），约 260—270 年，大理石，86.4 厘米 ×215.9 厘米 ×92.1 厘米，卢浮宫博物馆

图 12　填腋原则构图示意图

图 13　真蒂莱·达法布里亚诺，《三贤士的朝拜》，1423 年，木板蛋彩画，300 厘米 ×282 厘米，乌菲齐美术馆

图 14　图 13 局部

图 15　填腋原则构图示意图

图 16　赤陶土瓶，约公元前 640—前 625 年，无釉赤陶，6.4 厘米，大都会艺术博物馆

还与李格尔（Alois Riegl，1858—1905）提出的填腋原则有关。实际上，无论是在古代器物的装饰上（图 11），还是在文艺复兴早期的绘画中（图 13），都可以从它们的构图当中看到填腋原则的使用（图 12、图 14、图 15）。对比图 15 和图 16，可见这幅作品组织人群的方式（即构图）相当于鱼鳞纹图案的使用。因此，文艺复兴时期早期的这类作品在构图上更具有几何图案的特征和装饰性，它们与模仿自然、实现"发明"所要求的"使人们信以为真"不符。

图 17　多梅尼科·丁托列托，《福音传道者圣约翰和哲学家克拉特斯》，16 世纪末或 17 世纪初，木炭油，蓝纸，方形转印，28.5 厘米 ×33.9 厘米，大英博物馆

（二）混乱与秩序

阿尔贝蒂不认可事物随意分布，叙事混乱的构图。在他看来，艺术家还应该尽可能少地表现物体，就像悲剧、诗歌那样，尽可能用最少的人物叙述故事。他认为画面中不要超过 9 个或 10 个人，以免产生混乱，无法获得体面。[15] 这些被阿尔贝蒂诟病的做法恰恰是色彩特征风格作品的特点，例如，在丁托列托儿子的作品中（图 17），虽然画中没有一个人物具有佛罗伦萨画派笔下所描绘人物的完整性，每个人物的面目都含糊不清，但是，艺术家将不同明度的色块分散在画面上，这些色块又构成了统一的关系，使得画面具有完整性和表现性。其实，古代艺术家鲍西亚斯已经使用了这种画法，文杜里认为这类作品的风格具有色彩特征。[16] 这种风格对应的是人们"倾向于将不完整的图形知觉为闭合的或完整的"心理，即前文已述的格式塔心理学完形定律中的"闭合律"（图 18）。[17]

相比而言，在拉斐尔的素描稿《屠杀无辜者》中（图 19），他再现了一个混乱的场景，每一个人物的表情、姿势清晰可见：在图 20 中，数字 1 位置的屠戮者拽着婴儿的脚，数字 2 位置的屠戮者扯住抱婴妇女的头发，数字 3 位置的妇女被身后的杀戮者拽着肩膀，数字 5 位置的妇女推搡着前面的杀戮者。所以，拉斐尔在这幅作品中没有描绘周围的环境，但是，人体之间的动态已然在二维平面上形成空间上的前后延伸关系——人体动态形成朝向观者和远离观者的角，（即数字 1、数字 2 所在的位置），以及从近到远的延伸关系（从数字 1 延伸到数

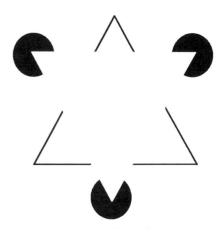

图 18　格式塔知觉的著名错觉例子："看不见的"三角形

[15] Grayson 译本，79.
[16] 艺术批评史[M]：44。另见 *History of Art Criticism*[M]：42.
[17] 认知心理学[M]：101—102。

图 19　拉斐尔，《屠杀无辜者》，约 1509 年，23.1 厘米 ×37.4 厘米，蘸水笔、棕色墨水和红垩，大英博物馆

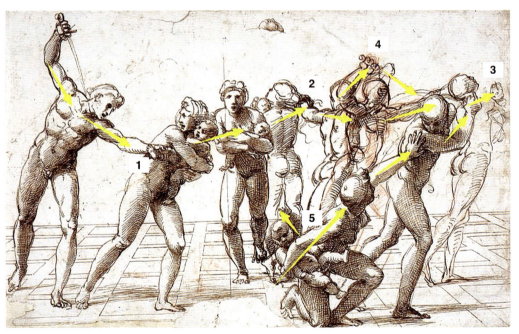

图 20　图 19 的形式分析图 1

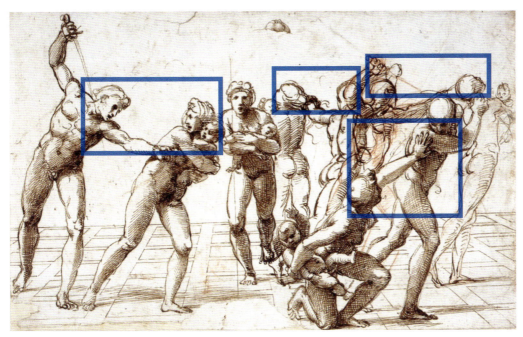

图 21　图 19 的形式分析图 2

字 3）。除此，拉斐尔还描绘了同时往上举和往前按压的动态（数字 4），促进了空间向远处延伸（数字 3）。婴儿举起的手臂（数字 5）和画面最左边人物手臂举刀向下的动态方向相反，在这个细节上，拉斐尔通过手臂长度的对比，在细节之处做了力量的对比。另外，画面中除了居中的抱婴妇女望着观者方向外，其他人物都被清晰地划分为 4 组（图21）。她与我们观者在注视方向上的呼应，让观者看清楚她整个脸庞惊慌失措的表情，也让观者感受到迎面而来的紧张氛围。

　　由上来看，就算是这种夹杂着复杂的恐惧、悲伤、惊讶和愤怒情绪的场面，拉斐尔不仅能清晰、完整地表现 13 个人物的轮廓，而且还将人体的各个部分的明暗关系，人物之间的动态关系组合成连贯、流畅的构图，形成了此起彼伏的节奏感（图 20 黄色箭头）。可以说，拉斐尔已经将具有跌宕起伏情节的混乱场面表现得淋漓尽致。相比较而言，丁托列托的作品更具有即兴性的氛围，拉斐尔作品的线性特征使得构图和情节具有逻辑上的缜密。对于作品具有线性特征风格的大师而言，他们的作品中即使包含 10 个以上的人物，他们也仍然有能力使得画面保持清晰的叙事，不被陈规束缚。

图 22　鲁本斯，《帕里斯的评判》，约 1632—1635 年，橡木油画，144.8 厘米 ×193.7 厘米，英国国家美术馆

图 23　图 22 的去色图

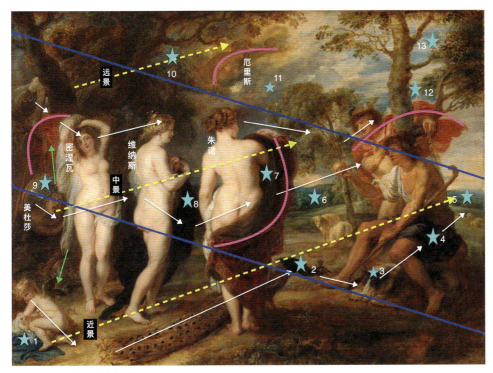

图 24　图 22 的形式分析图

（三）色彩特征风格的秩序

　　倘若对比图 19 和图 22，不难发现鲁本斯笔下的人物之间的关系属于阿尔贝蒂所说的任意散乱的分布方式，但是，这种色彩特征风格的作品有着不一样的构图逻辑和秩序：从《帕里斯的评判》去色图来看（图 23），鲁本斯的用色遵循的是鲍西亚斯、丁托列托儿子的画法。单独看画面中任何一个人物，他们着色都是亮面和灰面的关系，不像线性特征风格那样，单个人体或事物有着完整的素描五调子，具有犹如雕塑一般的立体感。

　　在图 24 中，可以看到光的照射方向与近景、中景和远景中的黄色虚线方向形成对角线关系，它们和事物错落的高度，帕里斯眼神的方向相同（两条蓝色实线）。三条黄色虚线的位置又可以细化为更有节奏感的曲线（三大组系列白色箭头）。在近景处（画面左下角），丘比特身躯的朝向和他右脚所指的方向，引导观者看向孔雀的尾巴，继而沿着孔雀的尾巴望向其头部；顺着孔雀的头部的朝向和眼神，艺术家指引观者看向帕里斯脚下的牧羊犬；然后，顺着牧羊犬头部到其隆起的颈项，沿着帕里斯的大腿，观者的眼睛被带到远处的羊群当中，这条观看路径呈三角形波浪线。

　　除此以外，还可以依着笔者标注的星星 1、2、3、4 的顺序望向星星 5 的位置，因为丘比特身旁的蓝色布料、孔雀尾巴上的蓝色圆点、孔雀脖颈、牧羊犬头、帕里斯的袍子、帕里斯身后的远景，它们都是不同明度的蓝色。因此，这些不同明度的蓝色也形成了此起彼伏的节奏感。画面中其他的蓝色块面，也有引导观看的作用：观者还可以从星星 5 的位置，看向星星 6、7、8、9。再顺着星星 9 旁边方向向上的绿色箭头，看向猫头鹰和树干，再沿着树枝的朝向看向星星 10。之后，从近景看向远景，即从星星 10 望向星星 11、12 和 13。换言之，色彩之间的关系，一方面是指引观者观看的线索，另一方面则是整幅作品在构图上实现统一的重要形式元素。

　　值得注意的是，这个观看的路径并不唯一，以上的观看顺序也可以倒过来观看，从远景看向近景。另外，观者还可以以盔甲上的美杜莎为观看的起点（图 25），因为可以将美杜莎的表情和铠甲上强烈的反光看作是一种双重的指示，眼神方向向画面左上角，盔甲反光指向画面右下方，它们方向相反，形成张力关系，能较有力地吸引观者从此处开始观看。有意思的是，美杜莎的眼神和头部朝向并不一致，但是这种不合理却具有指示观看不同方向的功能：观者可以顺着她的眼神望向猫头鹰（图 24 绿色向上的箭头），接着顺着猫头鹰身后树干、树枝的走向，望向天空中的不和女神厄里斯，最终望向远方（远景中黄色虚线指示的方向）。还可以顺着猫头鹰"变形"的眼睛，以及它眼神中的高光的方向，望向靠在树干上的智慧女神密涅瓦，然后，她眼珠观看的方向以及眼睛的高光方向（图 26）进一步指向画面中央的维纳斯和朱诺（如图 24 中远景处系列白色箭头方向所示）。

　　或者还可以顺着美杜莎呐喊的方向，望向三位女神的身躯，嘴巴倾斜的方向和密涅瓦腹部肌肉被拉伸的方向相同（图 27 两个绿色同方向箭头），它们和维纳斯腰部肌肉拉伸方向形成对角线关系（另一个绿色箭头）。由此可见，三位女神的站姿方向不仅承载了斜着射入画面的光，她们身体的结构走向，丰腴的皮肉拉伸的方向以及笔触的方向（图 27、图 28），无不引导着观者逐步望向帕里斯手中的金苹果。另外，如果沿着美杜莎呐喊的嘴巴观看，可以顺着密涅瓦的衣服（图 24 绿色向下指示的箭头），望向近景处的丘比特，然后顺着近景处的白色箭头看向远方。当然，还可以以画面中的金苹果为起点进行观看。所以，无论以哪里为观看的起点，整个作品的视觉语言上的逻辑关系都是缜密的，主导连贯性的是色彩和质感，与线性特征风格作品以线条为主导的方式不同。

　　作品中还有以下这些细节都值得我们留意：在图 25、图 29 至图 33 当中，都有不规则的波浪线，它们虽然分散在画面当中，没有线性特征风格的密切衔接性（如图 19、图 20），但凭借它们在形状上的近似性，它们便可以形成呼应的关系。在图 34、图 35 中，近处的花，孔雀头顶的翠绿，以及远处的树冠也形成了相近似形状的呼应关系，并引导观者从近处望向远处。孔雀的翠绿是垂直挺立的，而花儿的朝向和树冠的朝向相反。另外，

图 25

图 26

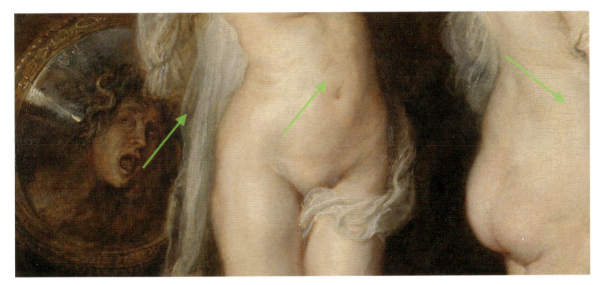

图 27

图 28

图 25—35 图 22 局部

图 29

图 30

图 31

图 32

图 33

图 34

图 35

孔雀朝牧羊犬伸脖子的方向和帕里斯递出金苹果的方向相反，牧羊犬头部上方就是帕里斯递出的金苹果。孔雀张开尖嘴，直瞪牧羊犬的情景，以一种悄无声息的方式强调了该题材重要的审判时刻和即将要发生的故事情节，从而渲染了画面中紧张的评判氛围。

另外，画面中还有四个红色的轮廓线形成呼应关系（图24中的紫红色弧线）。位于中央的维纳斯提着的深蓝色衣服的"暗"和周遭两位女神躯体的"亮"形成对比，在去色图中（图23），位于两旁女神的白色和红色的衣服与维纳斯的深蓝色衣服共同形成深度空间的暗示（三种明度），这不仅凸显了三位女神之间的前后空间关系，维纳斯深色的衣服也导向远处的风景和地平线（图24，从星星8延伸到星星7、6、5的方向）。因此，鲁本斯描绘女性的丰腴体态、姿势和其用色、用光，笔触方向，无不与其作品中的对角线构图有关。顺带一提的是，在画面中央偏右侧的位置有一只羊望向金苹果，与观者观画的方向相对，这也增强了观者的在场感。至于其他的羊，它们不是侧身就是背对着观者，帕里斯身后的几只羊逐渐变小，有加强暗示空间深度的作用。

实际上，无论是阿尔贝蒂所批评的构图上的空白，再现的事物过于丰富，还是再现人物数量的过多或过少的问题，这些都是亚里士多德在伦理学中所讨论的"得体"。[18]另外，阿尔贝蒂认为事物的多样性能得体地告诉观者"即将发生什么事情"。在他看来，当观者驻足观看所有细节，那么画家再现的丰富性就能获得青睐。[19]阿尔贝蒂还提到，经过画家之手设计过的象牙、珠宝等事物，比它们原本更珍贵，画家画的黄金比等量的黄金更有价值。[20]因此，阿尔贝蒂更重视的是设计、构图和构思，而不是装饰。这个观念也可以在古代找到源头，老普林尼在《博物志》中就曾批评过当时的人们重视绚丽色彩和昂贵材料，人们为作品的材料价值而惊叹，却不重视艺术家的天赋和艺术作品的构思。[21]

（四）线性特征风格的秩序

与鲁本斯的色彩特征风格作品相比，拉斐尔的线性特征作

[18] Aristotle. *Nicomachean Ethics*, 1103b25 ff.
[19] Grayson译本，79.
[20] 同前，61.
[21] Pliny. *Natural History*, XXXV, 145.

图 36　拉斐尔，《帕纳萨斯》，约 1509—1511 年，湿壁画，670 厘米 ×770 厘米，梵蒂冈

图 37　图 36 的形式分析图 1

图 38　图 36 的形式分析图 2

品中的线条成为作品当中的主导。在《帕纳萨斯》中（图 36），拉斐尔描绘了居住在帕纳萨斯山的阿波罗，他在九位缪斯女神、九位古代诗人以及九位文艺复兴时期诗人的簇拥下演奏里拉琴。拉斐尔用三组小树将作品划分为四个区域。在这四个区域中，包含了六组人物之间的呼应关系（见图 37 中的椭圆形、三角形）。另外，画面中还有线条和物体的呼应关系（如图 37 中的绿色线条、湖蓝色线条和方框）。黄色圆圈标注的人物，相当于装饰艺术当中填腋原则的使用。画面中唯一穿着深蓝色衣服的老者荷马，他衣服的颜色与画面中三组树的深蓝色相呼应，形成三角形波浪线的关系（图 37 黄色虚线），具有视觉上的节奏感，并与阿波罗演奏音乐的场景相呼应，仿佛能让人听到此起彼伏的声音。

　　在画面的右方，黄衣服女子的眼神方向（图 38 紫红色虚线箭头），指向同样穿黄色衣服的人（绿色圆圈），两个橙色圆圈标示的人，他们的头部朝向和眼神方向也有加强指引观者向画面右下方看去的作用。在画面左方，荷马的手臂动作和笔（白色圆圈）一并指向画面左下方（紫红色虚线箭头）。而且，荷马面向观者，黄衣服女子背对观者，也形成了动态上的对比。荷马仰头的姿势和阿波罗仰头演奏的姿势相呼应，前者闭着双眼，后者睁大眼睛看向苍穹。在画面下方，女子手拿的乐器指向画内，而另一侧的老者，手指指向画外（两个蓝色方框）。因此，整幅画虽然不是绝对的左右对称，但仍然通过巧妙的构思，实现了动态的平衡关系和对比。

画面中人物衣服的色彩主要由红、黄、蓝、绿组成，还有少量紫色。在图38中，笔者分别以A、B、D、E、G标示这五个颜色相对深色的区域，以a、b、d、e、g标示它们的浅色区域。不难发现，拉斐尔的颜色布置也具有有条不紊的呼应关系和节奏关系。与色彩特征风格作品相比，拉斐尔的用色更具有装饰性。另外，人物所处的土地黄中带绿，这和黄色或绿色衣服呼应，而红色、蓝色衣服分别和绿色、黄色衣服形成对比，在对比当中实现呼应和统一的关系。另外，每一个色块中的颜色都有同色相的明度渐变，以此塑造人物的立体感。

对比拉斐尔和鲁本斯的作品，可以发现拉斐尔作品中所有事物之间都有轮廓线相衔接，所以，线性特征风格不会具有阿尔贝蒂所说的随意分布。然而，在鲁本斯那类色彩特征风格作品中，正是由于打破轮廓线的束缚，而因此获得一种松散感和流动性，更接近人眼睛观看时候的真实感受。无论是以拉斐尔为代表的线性特征风格，还是以鲁本斯为代表的色彩特征风格，他们的作品都不缺乏视觉语言上环环相扣的逻辑关系。但是，前者强调通过线条、轮廓、比例、装饰性艺术法则在构图和色彩上的运用，以此再现客观真实，达到画面上的连贯性与和谐，后者强调的是通过光和色调的运用来实现画面上的统一。为此，对象的真实性可以相应地削弱。

三、身体与心灵的动态

图1 波利克里托斯，《荷矛者》，原作为青铜，约公元前440—前435年，罗马复制品，大理石，2米高，那不勒斯国家考古博物馆

图2 图1的形式分析图

在《论绘画》的第二书中，阿尔贝蒂认为动态由身体的动态和心灵的动态（即心理活动）构成，他从得体（适度）的标准讨论了构图中的身体动态，认为作品中多样化的身体动态能给观者带来愉悦。对于看不见的心理活动可以通过脸部表情来表现，但是，画家无法描绘最深层的悲伤。更重要的是，这些动态有叙事的作用，能告诉观者即将要发生的事情。最后，本文以乔托的《哀悼基督》为例，分析构图中的人物身体动态的关系以及心理活动的表达。

（一）身体的动态

阿尔贝蒂认为，画家通过再现肢体的动作表现情感，肢体的动作与位置改变有关，包括七个方向的动作：向上、向下、向左、向右、向远处走去、向观者走来，以及绕圈旋转。他认为，这七种动作都应在绘画中出现，有些人体面向观者，有些向左或向右走去。人体的某些部分面向我们，有些转过去，有些部分朝向上方，有些则朝向下方。人体的姿势和肢体的动作都要合理。[1] 可见，这里包含了从肢体动作，到人体姿势的双重动态合理。顺带一提的是，绕圈旋转这个动作模仿的是宇宙完美的运动，体现了柏拉图观念中的善与和谐。[2]

在所有姿势中，头部是身体最重的部分。如果将所有重力放在一只脚上，那么，这只脚就如同柱子的底部那样，总是垂直于头部之下（图1、图3），人脸的朝向总是和这只脚的指向相同（图1）。另外，当人伸手拿着重物，其中一条腿像平衡轴那样固定，身体其余部分与前者方向相反，抵消重量（图1、图2）。[3] 这种肢体动作的对立平衡与修辞学中的对偶（*contrapposto*）有关。在古罗马作家那里，它有多种方式发挥作用，包括单个单词之间、双单词之间、句子之间的对比，不同时态、案例、情感等的对比。[4]

图3 多纳泰罗，《圣马可》，1411—1413年，大理石，248厘米高，佛罗伦萨大教堂歌剧博物馆

[1] Grayson译本，83.
[2] Plato. *Timaeus*, 35A ff, 37A, 47A ff.
[3] Grayson译本，83—85.
[4] Quitilian, IX, III, 81—86.

图 4　米开朗琪罗，《反叛的奴隶》，1513—1515 年，大理石，2.15 米高，0.49 米宽，0.755 米深，卢浮宫博物馆

图 5　《反叛的奴隶》的不同角度图

事实上，阿尔贝蒂谈论构图时，也有与对偶类似的多样性对比，例如，裸体与着衣，老人与年轻人，男孩与少女的对比等。

在阿尔贝蒂看来，站立人物的头部抬起时，他只能最大程度看到天空的中心；头部向一侧转动时，下巴不会超过下巴接触肩膀的幅度；腰部转动的最大范围是肩膀不超过肚脐上方的位置（图 4、图 5）。他还指出有些艺术家的错误画法：他们再现的动态过于粗暴，在一个人物形象上，同时看到胸部和后腰，这在生理层面上是不可能的。[5] 事实上，鲁本斯的作品中就不乏由于身体的剧烈扭动，同时看到胸部和后腰的夸张动态（图 6、图 7），甚至在图 7 中，被掠夺女人的右手臂明显被拉长，为的是更好表现往画面右边延展的动态和速度。米开朗琪罗的《反叛的奴隶》身体扭动的动态以及隆起的背部肌肉团块（对比图 5 和图 7），这似乎都是往"表现"的靠近与尝试，但是，他遵循的线性法则都限制了作品的表现程度，没有逾越阿尔贝蒂的适度原则，遵循的还是古典的得体标准。

虽然阿尔贝蒂认为叙事中的多样性能带来愉悦，但是，其中最能带来愉悦的是人体的姿势和动态。姿势的多样性指有些人的脸完全可见，他们的手掌朝上，手指竖起来，单脚撑地；另一些人的脸转过去，手臂放在身旁，双脚合拢，肢体弯曲程度和动作各有不同。有些人坐着，有些蹲着，有些人几乎是躺着。如果适宜的话，让一些人赤身裸体，让其他半裸的人站在前者周围。[6] 例如，在乔托《最后的审判》局部（图 8），即使这种运用了鱼鳞纹构图的痕迹仍然非常明显，但是，乔托已经有意让这些圣徒的脸部朝向、面部大小、表情、眼神注视的方向不一致，甚至头发颜色和发型细节上也别出心裁地做出细微变化以示区别，既体现了真实生活中的多样性，又实现装饰和写实之间的平衡。

在波提切利的《维纳斯的诞生》中（图 9），有裸体的维纳斯，半裸的风神、花神，以及穿着衣服的时序女神。在人物重力的落脚点和姿势上，他们之间有相同的地方，也有相异之处，维纳斯身体的重力落在左脚，时序女神向维纳斯方向擢升，维纳斯的右脚和时序女神的左脚都是踮起的放松姿势，形成镜像上的对称。风神和花神虽然在空中悬浮，不过，他们的右脚相贴，呈出一前一后和一高一低的姿势变化。他们的腿部姿势是为了构成半圆形外轮廓，以此与时序女神、维纳斯和贝壳的半圆形外轮廓相呼应（图 10）。所以，这些姿势都符合阿尔贝蒂对姿势多样性的倡导，但又能形成统一和谐的形式关系。

[5] Grayson 译本，85。
[6] 同前，79。

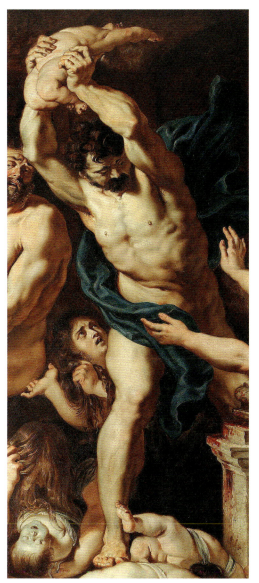

图 7 鲁本斯，《掠夺普洛塞尔皮娜》局部，1636—1637 年，布面油画，181 厘米 ×271.2 厘米，普拉多国家博物馆

图 6 鲁本斯，《屠杀无辜者》局部，约 1610 年，布面油画，142 厘米 ×183 厘米，多伦多安大略美术馆

图 8 乔托，《最后的审判》局部，约 1305 年，湿壁画，斯科洛维尼礼拜堂

另外，人物的手臂姿势既有区别关系，也有对称关系。风神双手臂的姿势和时序女神的双手臂姿势构成旋转对称（rotational symmetry）的关系，维纳斯前手臂的姿势呈 180°旋转对称，花神双手臂的姿势是左右对称的关系。维纳斯用头发遮挡私密部位，以及花神用左脚遮住风神的裆部，这两个姿势都符合阿尔贝蒂提倡的体面，即修辞学家们所说的得体。

图 9　波提切利，《维纳斯的诞生》，1484—1485 年，蛋彩画，278.5 厘米 ×172.5 厘米，乌菲齐美术馆

图 10　图 9 的形式分析图

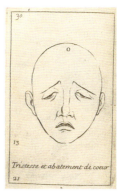

图 11　悲伤的表情　　　图 12　沮丧的表情　　　图 13　悲伤和心痛的表情　　　图 14　笔者涂鸦的沮丧表情和愉悦表情

（二）心灵的动态

　　除了身体的动态，还有心灵的动态（即心理活动）。阿尔贝蒂认为，心灵的动态包括：愤怒、悲伤、愉快、恐惧、渴望等。[7]要如何再现这些抽象的内容，夏尔·勒布兰（Charles Le Brun）继承了普桑的艺术理论，将绘画中的情感表达编撰成词典，他在该词典中这样描述悲伤（La Tristesse）："这种强烈的感情通过一些动作来表现，这些动作似乎表示了大脑的不安和内心的压抑，因为眉毛两侧朝向前额中部的位置比脸颊两侧的位置更高。为情所激动者，则眉色浑浊，眼白发黄，眼皮扁平，稍肿，眼周青紫，鼻孔下垂，嘴半开，眼角下垂，头似乎若无其事地低垂在一个肩膀上，整个脸的颜色是铅灰色的，嘴唇苍白无色。"[8]（图 11 至图 13）可见，五官的形状和颜色变化、头部姿势的改变，都能体现心理活动。正如笔者的信笔涂鸦，嘴角向下，眼眸低垂的面容让人联想到负面的情绪，当这些形式特征旋转 180°，嘴角朝上的面容传达出愉悦的情绪（图 14）。

　　阿尔贝蒂提到，当艺术家尽可能清楚地在作品中表明自身的感觉，他的作品就能感动观者，因为人们有哀别人所哀、乐别人所乐、痛别人所痛的能力。他描述了在这些情绪中的人的样子：悲哀的人完全被悲伤所困扰，麻木，没有行动动力，持续呆滞，手足不安，没有血色（图 15、图 16）。哀伤的人眉头低垂，脖子弯曲，身体各部分都下垂，仿佛疲惫不堪，怅然若失（图 17—图 20）。愤怒的人脸和眼睛瞪大发红，他们四肢的动作猛烈、激动（图 21、图 22）。当人们感到快乐时，动作自

图 15　《哀悼基督》，1375—1400 年，杨木，石膏，油漆，镀金，132.7 厘米 ×69.5 厘米 ×36.8 厘米，大都会艺术博物馆

图 16　图 15 局部

[7] 同前，83。
[8] Charles Le Brun. *Conference sur l' Expression generale & particuliere*[M]. Amsterdam & Paris, 1698: 30–32.

图 17 《捐赠人和圣母一起哀悼基督》，约 1515 年，石灰石，110.2 厘米 ×235 厘米 ×55.9 厘米，大都会艺术博物馆

图 21 鲁本斯，《捕猎河马和鳄鱼》，1615—1616 年，布上油画，248 厘米 ×321 厘米，慕尼黑老绘画陈列馆

图 18

图 19

图 18—20
《捐赠人和圣母一起哀悼基督》局部

图 20

图 22

由而令人愉悦（图 23）。[9] 因此，艺术家能通过人体动作、表情和色彩，引起观者共情。

事实上，在古代就已有这类能引起观者感受到抽象情感内容的艺术作品，根据老普林尼的记载，古代第一位恰当表现肌肉和血管的艺术家毕达哥拉斯，他表现蹒跚行走人的雕像，能让看到它的观者感觉到痛。[10] 例如，在古罗马人复制的古希腊雕塑作品中（图 24 至图 26），她右边身躯向前倾，身躯左边沉重的物品与之呼应，由于老妇人佝偻着身躯，腰部要同时承受上半身身躯姿势和重物的力，腰部受力最大。再结合老妇人的脸部表情（图 25），更能引发人联想到她行走的困难。

[9] Grayson 译本，81。
[10] Pliny. *Natural History*, XXXIV, 59.
[11] Grayson 译本，83。Cicero, *Orator*, 70–74.

图 23 《弗罗拉》，公元1世纪，38厘米×32厘米，壁画，那不勒斯，国家考古博物馆

图 24 老妇人大理石雕像，公元14—68年，大理石，125.98厘米，大都会艺术博物馆

图 25 老妇人雕像局部

图 26 老妇人雕像侧面图

图 27 尼科洛·德拉尔科，《哀悼死去的基督》，约1463—1490年，无釉赤陶，博洛尼亚圣玛利亚德拉维塔教堂

图 28 《哀悼死去的基督》局部

　　另外，阿尔贝蒂提到古代艺术家提曼塞斯描绘伊菲革涅亚献祭的场景：他笔下的预言家卡拉卡斯是悲伤的，乌利西斯更悲伤，墨涅拉俄斯悲痛万分，画家认为必须用纱巾挡住阿伽门农的脸，因为最深沉的悲痛他无法用画笔表现。[11]换言之，阿尔贝蒂为不同程度的悲伤做了划分，指出艺术家应该怎样对它们做出区别性的处理。在图17至图20中，艺术家对圣母和捐赠人不同程度的悲伤做了微妙的区别。在图27、图28中，围绕着基督的6个人物有着不同的脸部表情和肢体动作，这不仅表现了不同程度的悲伤，让人仿佛听到不同的音响效果，还间接刻画了不同人物的性格特征。

图 29　乔托，《哀悼基督》，约 1304—1306 年，湿壁画，100 厘米 ×185 厘米，意大利斯克洛维尼礼拜堂

（三）身体动态与心灵动态的协调

　　在阿尔贝蒂的形式观中，只要运用几何知识就可以再现"可见的事物"，心理活动这种"看不见的事物"则需要通过脸部表情和身体动作来暗示。在他看来，如何将笑容满面的脸，表现成欢乐而非哭泣的脸，是一件非常困难的事。如果没有大量的练习、研究和推敲，艺术家不可能再现出与悲伤或欢愉相一致的嘴、下巴、眼睛、脸颊、额头、眉毛。阿尔贝蒂欣赏能告诉观者即将发生什么事情的叙事，艺术家要么通过手的动作示意观者去看，要么用怒气冲冲的表情或令人生畏的眼神威慑人们不要靠近，或者指出作品中危险或不寻常的事情，或者用姿势激发观者和他们同欢悲。画面中所有人物

图 30　图 29 的形式分析图 1

图 31　图 29 的形式分析图 2

图32　查尔斯·威尔金森，尼福玛特和伊泰特陵墓壁画鹅的摹本，1920—1921年，24.5厘米×161.5厘米，纸本蛋彩画，大都会艺术博物馆

所做的事情，或他们与观者之间的互动，都必须恰好一起再现和阐释故事。[12]

乔托的《哀悼基督》（图29）描绘了基督和二十七个悲伤人物的画面，他们或者蹙眉，或者张嘴呜咽，或者双手横张，或者合掌放脸旁，或者低头默哀。有意思的是，他们的表情和动态不尽相同，然而我们却没有感到混乱。另外，作品的装饰性虽然明显，但是这幅作品却仍然生动感人，这与乔托严谨的构思有着重要的关系：这张作品可以划分为近景、中景和远景（图30紫红色虚线）。人物头部的转向有着不同层次的呼应关系，在近景处的五个人物围绕基督布置，圣母和基督四分之三的侧脸呈镜像对称。人物a、b头部的朝向有左右对称关系。人物c、d都以侧脸面向观者，根据格式塔心理学的原则，人们将直线或曲线上的元素看作是相互有关联性的事物，因此，同类图形在近景处产生连续性（continuity）。圣母和人物c、d、e、g、f她们略微不同的侧脸动态沿着图31蓝色弧线同时产生空间位移和时间关系。两组大的蓝色弧线构图重叠，营造了空间的前后关系和深度关系，以上这两个做法都与古埃及艺术类似（图32）。

倘若依据前面提到的阿尔贝蒂和古代的观念，最悲伤的人物是背对着我们的人物a、b，其次是圣母和基督，最后是人物c、d（图30近景中的深蓝色、红色和黄色圆圈）。因此，乔托这幅作品表现了不同程度的悲伤。人物b位于画面中央，他在近景中的垂直高度最小。基督无血色的发白肤色和人物b帽子的颜色相近，人物b的高度再次被弱化（即主要是绿色衣服的高度）。因此，乔托不仅仅是让观者看不到他的脸部表情，还巧妙地通过身体姿势以及他和近景其他人的高度差别，加强了他

[12] Grayson译本，81—83。

的悲伤程度。乔托还在人物 b 的帽子、左手，和基督右手做了微妙的颜色对比，对有生命、无生命肤色和布料颜色做了区别化的处理。至于人物 a，他的帽子颜色和斜坡亮面类似，他的头部朝向指向山坡亮面。斜坡被人物 f 划分为两段，根据格式塔的完形原理，观者可以将人物 a 与这两段斜坡看作一条完整的斜坡。人物 a 的三角形造型和量感，使他看起来犹如一个小山坡，在画面左下角的位置上加强了斜坡的视觉重力。另外，人物 a 的衣服颜色在饱和度、明度上都比山坡的更高，因此，进一步加深了画面空间的深度关系。

在中景处，人物 e、f 头部动态呈左右对称，人物 g、h 头部倾斜方向相同，人物 i 表情和手部姿势动作都较为克制，与他垂直上方几乎没有叶子的树形成对照关系。因此，乔托在中景处也表现了三种程度的悲伤（图 30 中景处的黄色、绿色、橙色圈圈）。人物 e、g 和圣母头部朝向形成对角线关系，斜坡和基督身躯的倾斜方向形成对角线关系。另外，人物 i 垂直的站姿与笔直的树干呼应，加强了画面纵向空间的联系。在中景左方的四位人物，依据观者能看到脸部面积的多与少，他们悲伤程度可以划分为四个等级（以数字 1—4 标示悲伤程度的逐渐增强），而且以交错的形式布置（蓝色和白色圆圈）。

在远景处，黄色、绿色圆圈中的天使主要以右脸或左脸面向观者，蓝色圆圈中的天使，是观者俯视视角看到的头部顶部。虽然这些天使分散在天空中，然而，他们的姿势和动作有着相互衔接和指示观看的作用：天使 A、B 翅膀和头部动态相似，结合他们手臂和头部的动态变化，从天使 A 手臂半蜷缩到天使 B 手臂张开，仿佛是同一个人不同时间的动作，形成犹如动画般的连贯性。因此，他们外貌、翅膀的相似性。暗示了从天使 A 到天使 C 的逆时针转动的观看路径（橙色弧线箭头）。天使 C 的表情比较突出，他仰头方向引导我们望向画面右侧（白色虚线箭头）。如果我们随机以天使 D、E 为观看起点的话，顺着他们头发的横线指示（白色双向箭头），看向左右两端皆可，天使 G 的手臂姿势也有相同的指示作用（红色双线箭头）。

天使 D、E、G 的头部姿势相同，乔托淡化了他们的表情，以此突出天使 F 的姿势和脸部表情。天使 F、H 翅膀动态相似。天使 F 身体末端与天使 H 身体末端错位衔接，天使 H 头部姿势和视线转向天使 I（白色虚线箭头）。天使 I 和 J 脸部都朝向画面中央，天使 J 双手抱头的姿势增强了他的视觉重力。因而，他们的姿势和动作引导我们以天使 H、I、J 的方向顺时针望向画面下方。根据天使 J 的姿势方向，乔托指引我们看向人物 f，顺着她的视线和旁边的斜坡看向基督。在对角线上，天使 C 翅膀张开的动态与人物 f 双臂的动态呼应（湖蓝色三角形），因此，远景和中景之间也构成对角线的联系。

不过，乔托作品构图中的装饰性还是很明显，例如，天使 E、J，天使 B、I 的翅膀的形状和动态，具有相似性，分别呈左右对称关系。由上来看，远景部分虽然是一个闭合的面，人物之间的指引关系需要通过表情和肢体动作两相配合。需要强调的是，对于远景的观看顺序不一定要以笔者所说的顺序观看，观者可以以任意天使为起点进行观看，此处只想指出作品当中存在的这些由几何形式构成的视觉指示，以及它们如何使得作品中的空间关系兼具封闭性和连贯性。

在远景中，天使 F 头部朝向，脸部表情，身体的动态，翅膀和双手臂的动作和指向，一并形成向上的视觉力。天使 G 位于画面中央，他身体的朝向，张开的双臂和翅膀，共同形成向下的视觉力，因此，他们的动态方向构成了一组视觉张力关系。天使 D、G 翅膀动态和身体朝向相同，配合他们的头部朝向，相似的形状加强了空间上的联系，也加强了天使 G 向下的视觉力。天使 F 和 G 手臂形成黄色梯形，仿佛在将他们的情感痛苦往地面传播。中景处的人物 f 向后张开的双臂形成梯形区域，斜坡的受光面也是一个梯形，因此，在这个作品中，这三个梯形就像放大声音的喇叭似的，具有扩散情感的效果，使得画面上仿佛在回荡着他们的悲恸情绪和声响。而且，黄色、湖蓝色梯形和基督已经没有了生气的梯形双臂形成刚与柔的对比，有情感和无情感的对比。画面右方的斜坡上半段的凹陷造型与基督双臂曲线造型具有相似性，也形成呼应。

另外，即使是树枝的朝向和分布，山坡的陡峭起伏都有巧妙的构思。在图 31 中，树枝的左半边形成两个方向的指引（白色虚线箭头），引导观者望向远景中的天使。树枝的右半边形成三角形区域，指引我们沿着树干向下观看，再沿着陡峭的山坡每一个起伏处（黄色箭头），看向中景和近景中的人物（垂直向下的红色箭头）。例如，在山坡的第二个起伏处（从山坡顶部开始数起），顺着人物 f 的手看向人物 h 拽拉着的右手衣袖，接着看向人物 d 和她托着基督脚部的姿势（白色方框）。如此类推，山坡上的箭头起伏处指引我们看向其他两个白色方框，它们都暗示了基督生命的消逝，也表现了人们对基督的不舍。倾斜而下的山坡除了引导观者望向基督外，同时还将树和基督相连接，这似乎是用几近枯萎的树暗示基督的行将就木。这些向下的动态和修辞上的暗喻，无不叙说着画面中悲痛的情绪。值得注意的是，其实树的顶部有枝条长出绿色的嫩叶，这似乎又预示了基督后续将会复活的故事情节。

除此，远景中的天使，他们和近景、中景处的人物，在动态上也有关联。在图 31 中，有六组相关联的人物。线 1 关联的天使和人物 f，他们的双臂和身躯动态方向相反。线 2、3、4 关联的人物双手姿势分别相同，位置不同。线 5、6 关联的两个天使，他们双手的姿势分别相同，加强了他们的相互联系。综上来看，乔托的构图平衡了人物姿势的异同和呼应关系，达到了和谐。可以说，即使仅此一张作品，也能理解为何作为复兴艺术的第一人，他的作品仍然不会因此而被后来艺术家的成就所淹没。

佛罗伦萨画派
三个阶段艺术风格
的演变

Chapter 3
第三章

图 1　翁布里亚不知名艺术家，圣达米亚诺十字架，12 世纪，镶板蛋彩画，190 厘米 ×120 厘米，阿西西圣嘉勒大教堂

图 2　科波·迪·马尔科瓦尔多，《钉上十字架的基督》，约 1260 年，镶板蛋彩画，296 厘米 ×247 厘米，圣吉米利亚诺市政博物馆藏

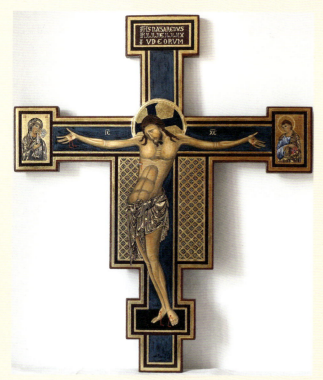

图 3　琼塔·皮萨诺，《钉上十字架的基督》，约 1240 年，镶板蛋彩画，316 厘米 ×285 厘米，波隆那圣多梅尼科

图 4　奇马布埃，《钉上十字架的基督》，约 1270 年，镶板蛋彩画，336 厘米 ×267 厘米，阿雷佐圣多梅尼科教堂

一、奇马布埃与乔托作品风格的对比：
以"钉上十字架的基督"主题作品为例

图 5　图 1 局部

在西方艺术主题中，钉上十字架的基督（Crucifixion）最为常见，它有胜利基督（*Christus triumphans*）和受难基督（*Christus patiens*）两种类型。本篇以"钉上十字架的基督"主题作品为研究对象，分析奇马布埃等人的作品对拜占庭艺术风格的继承与改良，以及乔托如何打破前人的传统，推陈出新。另外，本文还对比奇马布埃和乔托各自的两张"受难基督"作品，指出艺术家艺术风格的改变与表达内容的辩证关系。

（一）"胜利基督"与"受难基督"作品的形式异同

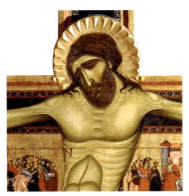

图 6　图 2 局部

对比 12 世纪翁布里亚不知名艺术家和 13 世纪艺术家奇马布埃（Cimabue，1240—1302）、琼塔·皮萨诺（Giunta Pisano，约 1229—1254）、科波·迪·马尔科瓦尔多（Coppo di Marcovaldo，约 1225—1276）的同类主题作品"钉上十字架的基督"（图 1 至图 4），图 1 再现的是受拜占庭艺术风格影响的"胜利基督"，另外三位艺术家再现的是 11 世纪开始流行的"受难基督"。基督的牺牲意味着为人类赎罪，滴在十字架上的血具有象征性的赎罪作用。画家常常在十字架底下描绘埋葬头骨的各各他（Golgotha）墓地，它是埋葬亚当和基督受刑的地方。[1]因此，图 1 与图 2 至图 4 表现的内容并不相同。

图 7　图 3 局部

对比图 1 和图 2 至图 4，双腿闭拢的胜利基督整体处于相对放松的状态，他手掌朝上，仿佛要升天去拥抱苍穹。基督头部转向其右侧，双眼圆睁，仰视上方，面无表情。头发在双肩上

[1] J. 霍尔，迟轲译，西方艺术事典[M]，广东人民出版社，1991：112—121。另见 James Hall, *Dictionary of Subjects and Symbols in Art*[M]. London: Harper & Row Publishers, Inc, 1974: 81.

图 8　图 4 局部

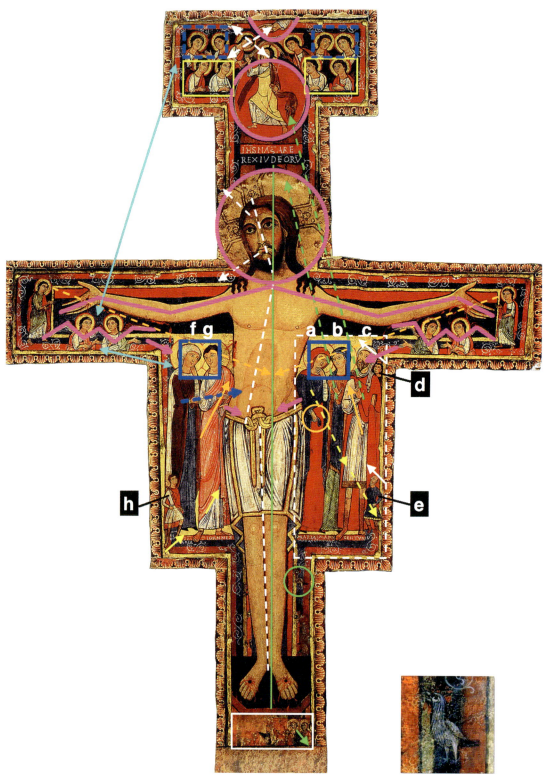

图 9　图 1 的形式分析图

图 10　图 1 局部

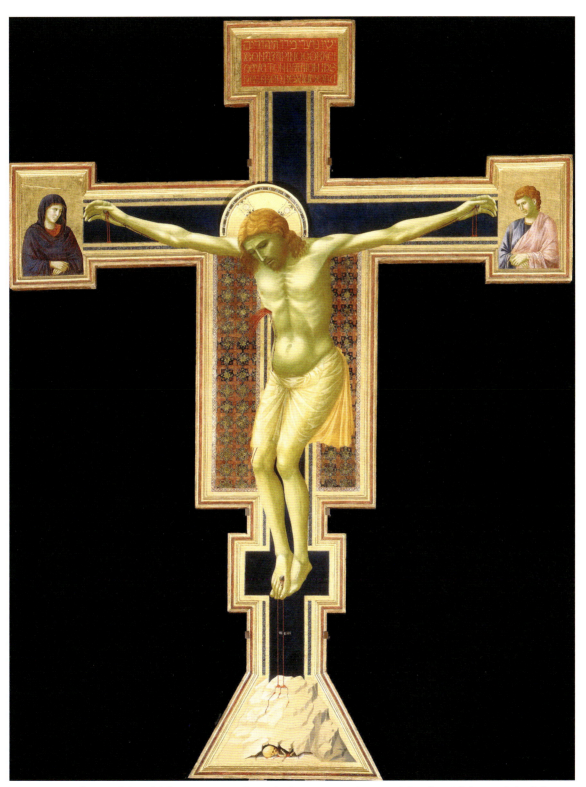

图 11　乔托，《钉上十字架的基督》，1290—1300 年，镶板蛋彩画，578 厘米 ×406 厘米，佛罗伦萨新圣母玛利亚教堂

自然垂落，左右肩各有三小段头发（图5）。奇马布埃和另外两位艺术家作品中的基督形象类同（图2至图4），腹部鼓起，身躯向画面左方拉伸，腰部受力最大。他们都采用了罗马式的线性轮廓，基督具有个性化的脸部特征。受难基督脸部朝下，头部倾斜角度逐渐增大。基督双眼紧闭，呈八字形的双眉紧锁，嘴角向下，面容憔悴，头发以放射的方式在左右肩上延伸（图6至图8），它们不再相对平均分布在两侧，尤其是奇马布埃的基督，他左右肩膀上的头发在长度和粗细上的区别最明显，图案感削弱，而且，波浪卷的发尾仿佛也在表现基督因疼痛而产生的痉挛。三位受难基督手掌在十字架横轴面上展开，手指张开的角度更大。中指和无名指靠近（图21），这个看似具有偶然性的细节打破了图1基督的图案感，更能表现受难基督的痛苦，让基督具有人性的情感特征。

另外，他们的腰部有模仿古典褶皱的缠腰带，以左腿在前，右腿在后的姿势站立，暗示了空间上的前后变化。右脚足背隆起，双脚呈丁字形姿势踮脚站立。基督身形瘦削，胸骨和肋骨嶙峋可见，皮肤暗无血色。图2和图4中的基督，手臂上的肌肉犹如鼓胀的水疱，胸部和腹部的明暗对比加强了肌肉的立体感。在图6和图7中，肋骨伤口喷出的血由白色和红色线条组成，再现了血的"高光"和固有色。

艺术家用轮廓线勾勒胜利基督的人体结构，如膝盖关节轮廓线、腹部肌肉之间的分界线，因此，胜利基督的体积特征最明显。将这四位基督和乔托笔下的受难基督相比（图11），后者最具视觉上的重力，胜利基督向下垂落的重力最不明显。这是因为艺术家在描绘胜利基督时没有引入"光"，所以他没有明暗上的变化，也因此缺乏量感和立体感，他看起来仿佛悬空，因此，该作品的图案特征最显著。

对照图1和图9，在十字架的上方，胜利基督头部后面的圆形光环（Halo）、头顶的黑色圆形，以及十字架顶部的半圆（图9两个紫红色圆圈和紫红色弧形），它们从大圆形到小圆形的变化，从完整圆形到半圆形的变化，形成了视觉上的渐变和垂直向上的指示，产生了向上的视觉力。基督手臂之下有两组展开翅膀的天使，他们翅膀的轮廓线形成三角形波浪线，基督展

[2] 西方艺术事典[M]: 453。
[3] James Hall, *Dictionary of Subjects and Symbols in Art*[M]: 72, 240–241.

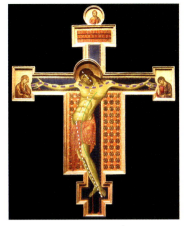

图 12　图 2 的形式分析图　　　　图 13　图 3 的形式分析图　　　　图 14　图 4 的形式分析图　　　　图 15　图 11 的形式分析图

开的手臂也形成三角形波浪线（三条紫红色线）。它们都由三个三角形组成，只是在大小上不同。这三条波浪线不仅在形式上相呼应，天使展开的翅膀也烘托了基督似乎要升起的趋势。以上这些因素似乎在暗示随后发生的耶稣复活（resurrection）和永生。

在胜利基督头上的圆形中，身着黄色袍子的小基督转身朝向天使的身体动态和眼神方向，指向画面的左上角，与圣徒的视线相交。在十字架顶部半圆形中，代表三位一体中地位最高的上帝之手，[2] 它指向的方向也与圣徒的视线相交，因此，这两个白色虚线双向箭头形成对角线关系的张力，加强了十字架顶端左上角的视觉张力。事实上，胜利基督微微向肩膀低垂的头与他的视线也形成对角线的张力关系。另外，基督的身躯位于十字架的左侧（绿色中轴线左方），人体产生的视觉重力也在左方。为此，艺术家在基督左手臂下方描绘了五个人物，比右边的三个人物多，以此加大左手臂下方的视觉重力。另外，十字架下方的深色垫脚台也有加重作品视觉重力的作用。

在十字架顶端，有两组面面相对的圣徒（蓝色虚线方框），在基督手臂、腋窝之下，也分别有与圣徒姿势相同的天使和圣徒（蓝色实线方框），因此，艺术家已经将姿势相同的人物相关联，从而形成具有连贯性的观看路径（两个湖蓝色双向箭头）。当十字架顶端的两组人物仰视上方（黄色方框），十字架横轴两端的人物望向基督躯干（橙色虚线箭头）。顺着橙色箭头的指向看过去，有同样是面面相对姿势的天使和蓝色实线方框中的圣徒，天使的手势加强了橙色箭头的指示力（紫红色箭头）。而且，手势的方向与基督缠腰带轮廓方向一致（紫红色箭头）。顺着缠腰带，艺术家引导我们看向基督双脚的圣痕和十字架底端。事实上，在基督左膝旁（绿色圆圈），还有一只雄鸡（图 10），它是圣彼得的标志[3]，它仰视的视线方向与十字架底部绿色实线箭头方向相反。

另外，基督左右腋窝下的人物，他们的动作也有指示作用。人物 b、c 的手势（图 9 绿色虚线箭头），人物 g、c 红色衣服褶皱方向（橙色实线箭头），小矮人 h 双脚的姿势，人物 g 衣服的角（两个黄色实线箭头），人物 c 和小矮人 d、e 的视线（两个白色实线箭头）都指向十字架顶端，加强了画面向上的视觉力。

人物 f、g 手部动态一并指向基督（蓝色虚线箭头），紧接着，人物 a 握着的蓝色衣角（橙色圆圈），此衣角和人物 b、小矮人 e 蓝色衣服的三角形轮廓一并指向画面右下角（两个黄色虚线箭头），加强了画面右下方的视觉重力。除此，人物 f 和 a 左手手臂姿类似，和蓝色虚线箭头一并，加强指引人们从左看向右方。人物 f 暗红色和蓝色的衣服加强了画面左方的视觉力。因此，看似粗犷的作品，在构图上也有着环环相扣的构思。

在图 9 和图 12 至图 14 中，白色虚线标示了基督动态对身躯弯曲转折角度的影响，图 9 中的基督除了头部和上半身躯干有角度上的转折变化外（两条白色虚线形成的角），下半身是左右对称站立，左腿略微在前，姿态最为呆板。然而，艺术家在细微之处的构思，仍然让作品实现了静中有动的平衡，画面中基督的擢升感与尊严感相得益彰。另外三位受难基督的身躯转折由四根白色虚线组成，他们腰部向外拉伸的角度逐渐变大，奇马布埃笔下的基督躯干拉伸的角度最大（对比图 12 至图 14 中的绿色弧线），姿势最夸张。

对比图 9 和图 14 基督手臂上的紫红色线条，可以看到他们的手部动态上的几何特征分外明显，但是，胜利基督的手臂动态是由三角形组成的波浪线，受难基督的手臂动态是圆润的波浪线，这体现了奇马布埃等人对 12 世纪艺术家生硬的几何风格的改良，更接近真实肌肉的曲线特征。因此，在奇马布埃的作品中，由弧线构成的横向手臂曲线，和由三角形构成的纵向身躯姿势曲线，它们形成舒缓和紧张的对比。虽然，这三位受难基督的身体动态都不真实，但结合基督的脸部表情和身体动态，他们还是在显著的图案基础上，实现了情感的表达。

（二）乔托"受难基督"作品的形式分析

和以上几位艺术家的作品相比，乔托的新圣母玛利亚教堂基督有着别样的创新（图11）。对比图 12 至图 14 和图 15，在图 15 中，乔托的基督身躯形成向后凹的蜷缩姿势（两条纵向方向的紫红色弧形），与前三位基督腰部向前拉伸（绿色弧线），腹部向一侧凸起的姿势相反。由于基督姿势的不同，前面四位基督身躯的中轴线都落在十字架的左方，乔托的基督向十字架右方倚靠，不过，这能更好地突出伤口向画面左下方喷涌而出的血，与基督身躯向后蜷缩的方向相反，暗示了空间上的前后关系（图 16 白色虚线箭头）。由于奇马布埃等人强调基督身躯的动态，因此，他们并没有着重描绘基督流血的伤口（图6 至图 8）。

乔托的基督双膝屈起，小腿向上提升，躯体动态的外轮廓线形成了 W 型（图 16 绿色虚线），加强了垂直空间上形式的节奏变化。乔托对人体结构的熟稔，使得基督的形

图16　图11形式分析图

象更具立体感，如在图 16 中，可以看到基督身躯结构的变化由五根白色虚线组成（对比图 12 至图 14 中每位基督躯干中的四根白色虚线）。因此，乔托进一步打破了前几位基督形象的几何僵硬。除此，前面三位基督的手臂和肩膀主要由三条弧形组成，乔托的基督张开的手臂和肩膀一并形成向下弯曲的紫红色弧形，身躯动态的两条紫红色弧线和手臂的弧线形成纵横交错的关系。因而，他去除了前人基督形象中的装饰性特征，加强了基督身躯下垂的视觉重力。

　　对比图 17 和图 18 来看，乔托的基督在发型上有所改变，不再以辐射式的方式分别披散在双肩上。一侧头发自然下垂，暗示了纵深空间和自然重力，还有引导观者看向肋骨上的伤口和圣血的作用，另一侧头发则贴在脖子上，打破了前人左右对称的做法，看

图 17　图 11 局部　　　　　　　　图 18　图 3 局部　　　　　　图 19　图 4 局部　　　　　　图 20　图 11 局部

起来更真实。贴在脖子上的头发形成由大到小的波浪卷（图 16 黄色弧线），和他身体动态的两根紫色弧线呼应。基督小腿外轮廓弧线和小山坡隆起的轮廓弧线方向相反，加强了人物和环境的联系。

对比图 21 和图 22，乔托的基督五指不再在十字架的水平面上痉挛伸展，而是自然垂落，加强了手部的视觉重力，形成向内凹的空间，与基督向内凹的弓形身躯呼应。在图 16 中，基督左、右手指的指向与圣母、圣约翰的衣服褶皱形成连贯性（黄色弧线），而前三位艺术家的作品，在这个形式关系上的处理较为突兀。另外，乔托十字架横轴两端的圣母和圣约翰双手动态呈镜像对称（白色圆圈）。

乔托的基督不再遵循丁字形的站立姿势，双脚上不再各有一枚钉子，而是双脚重叠，被一颗钉子钉住。因此，基督身上的三处钉子形成了一个隐形的三角形（图 16 蓝色三角形），它产生了一个向下的视觉力，加强了作品的视觉重力。除此，乔托比前人更准确地表现了"光"对人体结构明暗关系的影响，以此加强基督的量感。相比而言，奇马布埃使用线影法（hatching）描绘基督缠腰布的立体感（图 19），这种方法常被用于编织工艺中，以此表现高光和阴影。[4] 乔托不再使用线影法表现调子和明暗，他笔下的缠腰带透明而轻薄（图 20），与犹如雕塑一样具有量感的身躯形成轻与重的对比。

[4] 美术术语与技法词典[M]: 243。
[5] Pliny. *Natural History*, XXXIV, 59.(Pliny. *Natural History*[M]. translated by W.H.S.Jones, London: Harvard university Press, 1966.)

图 21　图 3 局部　　　　　　　　　图 22　图 11 局部

　　乔托比奇马布埃等人更准确地再现了基督的肌肉、血管、筋腱、膝盖。根据老普林尼的记载，艺术家通过脸部表情和身体的姿势，再现对象看不见的内在状态和情感，能让观者产生共情，如毕达哥拉斯的作品准确描绘了人物的肌肉和血管，因此，他塑造的蹒跚行走的人物雕像能让观者感到疼痛。[5] 所以，在再现解剖结构细节上的精确，使得乔托的基督看起来更动人。

　　这几位艺术家对圣痕、血流和血迹关系的处理也有不同：在乔托的作品中，从圣痕渗出的血不仅和其他艺术家的基督那样，有垂直而落的血流（如图 21），而且还有圣血顺着被拉伸的手臂流向手肘（图 22），更真实地再现了流向身体外血流方向。两个明度的红色血则区别了干枯的血和新流出来的血，形成时间上先后发生的暗示，以此在二维平面中表现受难的过程。另外，乔托的基督肋骨上喷涌出来的血量最多（对比图 17 和图 18），血沿着基督的腰部、大腿向膝盖蜿蜒（图 20）。在基督的脚部，血顺着脚趾缝垂直而下，滴落在各各他上（图 26）。血液在基督身体上的蔓延不仅能引导观者观看的视线，从脚趾到各各他之间的距离加大，能加长观者感受受难情节的时间，让观者的痛感时间加长。

　　对于脚部圣痕和血迹的描绘，皮萨诺和马尔科瓦尔多的描绘都较为简略，圣血在垫脚台上含蓄蜿蜒（图 23、图 24）。奇马布埃的基督双脚圣痕流出体外的血量相比更大，而且，圣血从垫脚台向外蔓延，具有偶然性（图 25）。乔托继承了奇马布埃的做法，但是他通过让基督身体蜷曲，使得脚部与各各他之间形成较大的空间距离（对比图 25 和图 26）。圣血在小山堆上顺势而下，形成三股分支。其中两个分支继续延伸，接着戛然而止，但在最底部的骷髅旁边仍有三滩血渍（图 27 数字 2、3）。所以，圣血在小山堆上清晰的流动轨迹暗示了时间和空间的变化。小山坡的黑白灰关系，以及三个从小变大的暗部

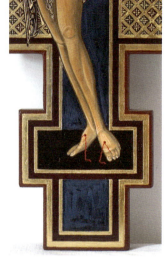

图 23 图 2 局部   图 24 图 3 局部   图 25 图 4 局部

区域也形成清晰分明的关系，白色虚线部分是亮部，紫红色线条勾勒的部分是暗部，其余固有色部分是灰面。

圣血流向各各他（图 16 底部的白色虚线），这既联系了亚当的原罪、指出了受难的前因，也关联正在受难的基督，将他的牺牲升华为救赎，因此，这个细节将过去、现在和未来相串联，具有承前启后的作用。对比图 23 和图 26 来看，乔托描绘的各各他山体积较大，图 23 中的各各他山几乎看不见。一方面，这是因为乔托的基督产生了更大的视觉重力，因此，各各他三角形形状和量感形成向上的视觉力和基督身体的视觉重力相平衡。这个土堆还能形成视觉重力，加强整个十字架的稳定性。另一方面，各各他底部的骷髅，它的下颌骨与头骨相分离，旁边还有一根骨头，这支离破碎的场景能进一步渲染基督受难的痛楚感，与基督无表情的脸形成对比，因此有必要清晰描绘它们。

十字架顶部方块的红色比基督身躯后的红色更亮，明度更高，因此，它在纵向轴上的视觉力最大。在十字架中部，虽然乔托已经以基督蜷缩的身躯加强了受难的痛感和张力，但是，基督躯干后的暗红色背景能进一步烘托基督肋骨喷出的鲜血。鲜血的明度与顶部的红色明度呼应，而背景红色的明度与顶部

图26　图11局部　　　　　　　　　　　　　　　图27　图11局部的形式分析图

红色明度形成对比。最顶部的红色还与十字架底部的红色鲜血在明度上相呼应。因此，从红色方块到十字架中部区域，再到各各他，由于同样明度红色面积的大小不同，视觉张力在垂直方向上形成由大到小的变化，暗示了基督生命的逐渐消逝，渲染了主题的悲剧性。

值得注意的是，乔托的基督不再愁眉紧锁，但是大出血导致肤色黯然发青，能让观者感受到他的奄奄一息（对比图17和图18）。因此，乔托即使没有像前人那样通过脸部表情（眉头紧锁，嘴角下垂）描绘受难基督的痛苦情感，也仍然能让观者感到疼痛，这也是乔托的创新之处。对比这五位艺术家的作品来看，乔托更彻底地打破了拜占庭艺术的传统和惯例，作品走向自然主义，在情感的描绘上更为生动细腻，受难基督更具有人性色彩而非神性光辉。

（三）乔托另一张"受难基督"作品的形式分析

乔托的帕多瓦基督与新圣母玛利亚教堂基督不同（对比图28和图11），前者身躯的中轴线（以胸骨为参考）略微偏离十字架的中轴线左方（图29白色虚线），基督没有蜷缩双腿，腹肌由于双腿的垂直动态而变得扁平，不再沿用奇马布埃等人作品中圆鼓鼓腹肌的惯例。基督双臂轮廓线仍然是向下凹的弧形（紫红色虚线弧线），然而，基督的手掌面向观者展开，自然弯曲的手指指向观者，描绘了手指短缩的样子（图30、图

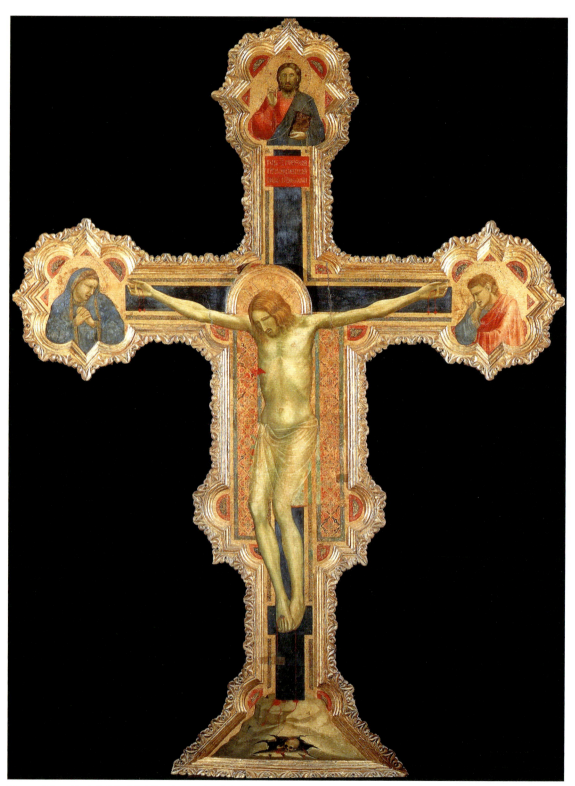

图 28 乔托,《钉上十字架的基督》, 约 1317 年, 镶板蛋彩画, 223 厘米 ×164 厘米, 帕多瓦市政博物馆 (原本挂在斯克洛维尼礼拜堂)

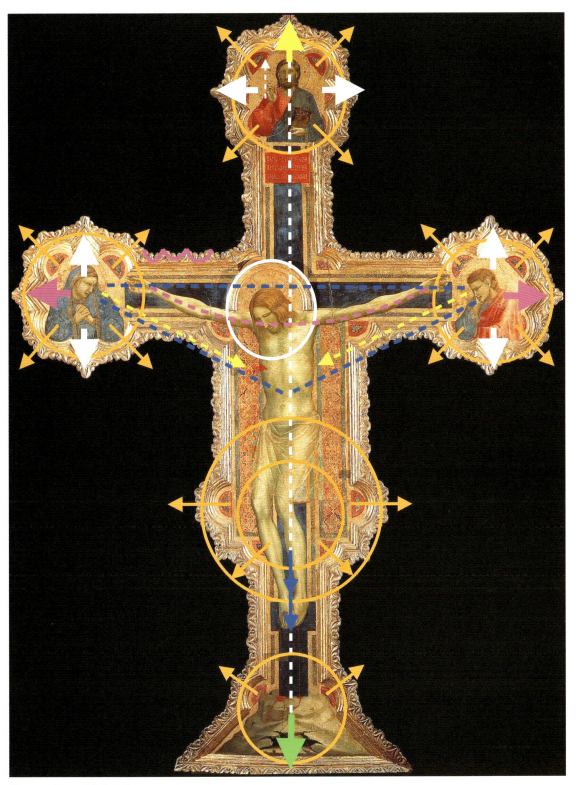

图 29　图 28 形式分析图

图 30　图 28 局部

图 31　图 28 局部

图 32　图 11 局部

图 33　图 11 局部

图 34　图 28 局部

图 35　图 11 局部

图 36　图 28 局部

图 37　图 11 局部

图 38　图 28 局部

图 39　图 11 局部

图 40　图 28 局部

图 41　图 11 局部

31）。他更为瘦削的手臂反而强调了肌肉被拉伸的样子。在他的手臂、腰部、膝盖处，都没有沿着身体蜿蜒的血流（对比图 30—图 39）。虽然基督的身躯更瘦削，但是已经没有新圣母玛利亚教堂基督那种嶙峋的胸骨和肋骨。后者看起来有雕塑般的坚硬，前者更柔和，更自然。

　　其次，两件作品的边框（画框）是两种不同风格，作品的画框与所处的环境的装饰有关。新圣母玛利亚教堂穹顶的几何风格与受难基督画框相匹配（图 42、图 43）。在斯克洛维尼礼拜堂（图 44），黄色方框标识的地方是帕多瓦基督原本所在的位置，礼拜堂穹顶的基督（紫红色方框）和十字架顶部的基督形象相似（图 28），形成教堂壁画装饰和十字架作品的呼应。穹顶和墙壁上的壁画都有四叶饰（quatrefoils）的图案（绿色方框），它们与十字架末端的四叶饰呼应。[6] 作品画框中的四叶饰轮廓由三角形和半椭圆形组成，

图 42 《钉在十字架上的基督》悬挂在佛罗伦萨新圣母玛利亚教堂的场景 图 43 新圣母玛利亚教堂室内空间

图 45 图 28 局部的形式分析图

图 44 斯克洛维尼礼拜堂的室内空间

图46 奇马布埃，《钉上十字架的基督》，约1270年，镶板蛋彩画，336厘米×267厘米，阿雷佐圣多梅尼科教堂

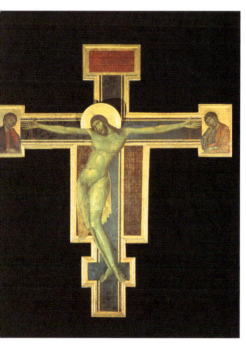

图47 奇马布埃，《圣十字大教堂的受难基督》，约1285年，镶板蛋彩画，431厘米×390厘米，佛罗伦萨圣十字大教堂

[6] Franz Sales Meyer. *A Handbook of Ornament*[M]. New York: The Architectural Book Publishing Company, 1800: 384–385.

三角形的尖锐感和半圆形的舒缓感形成鲜明对比，并向四周辐射视觉力（图29白色、黄色、紫红色大箭头，橙色箭头）。黄色和紫红色三角形箭头的视觉力最大，它们分别加强了十字架向上、向左、右延伸的视觉力。

基督的身躯几乎垂直，被钉在一起的双脚并拢指向各各他（蓝色箭头）。基督小腿、脚掌合围的形状，有向下指示的作用（蓝色箭头）。各各他的高度被压缩，仿佛基督垂直向下的视觉重力对它产生影响（图29绿色箭头，对比图40和图41），让观者联想到圣血所具有的强大救赎力量。另外，位于十字架顶端的基督举起的右手加强了向上的视觉力（图29白色虚线箭头），与似乎被压扁了的各各他形成不同方向上的对比。

画框外围的植物纹饰隐含和基督手臂轮廓相类似的弧形（对比图29中紫红色实线波浪线和紫红色虚线弧线），形成类同弧线的大小对比、和同类弧线的重复。在图45中，植物纹饰隐含了弧形和尖角，和构成四叶饰外轮廓的弧形和三角形呼应。因此，画框的形式关系更为丰富，并进一步渲染基督受难的疼痛。这些植物纹饰营造了一种与平滑的视觉平面相对的触觉（tactile），延长了观者的观看时间，加强了观者对受难情节的感受。

虽然帕多瓦基督与新圣母玛利亚教堂基督身后都有红色背景，然而前者在渲染受难情节上作用更大。首先，前者肋骨圣痕喷出的血量不如后者，他左胸口上有淡淡的血渍（对比图36、图37）。隔着透明的缠腰带还能若隐若现地看到他大腿上的红色血渍。膝盖旁边的衣物上也沾染了血渍（对比图38、图39），换言之，艺术家通过偶然性再现真实。帕多瓦基督肤色显然比佛罗伦萨基督更红润，后者皮肤发青，然而，前者既描绘了血渍，也呼应了基督身后红色背景色（环境色）对基督身躯颜色的影响，使作品看起来更真实。配合十字架上四个视觉力（图29黄色、紫红色和绿色箭头和五个橙色圆圈），基督虽然没有通过蜷缩双腿形成动态上的张力，但是四叶饰边框的三角形和半圆形产生的辐射感，将居中基督的痛感向外扩展。

另外，对比图30至图33，在新圣母玛利亚教堂基督十字架的两端，圣母和圣约翰的表情、动作都压抑克制，帕多瓦十字架中的圣母和圣约翰，他们的手部动态、脸部表情更生动，圣

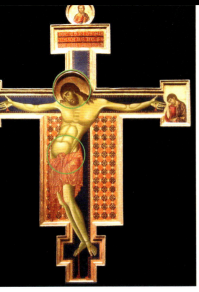

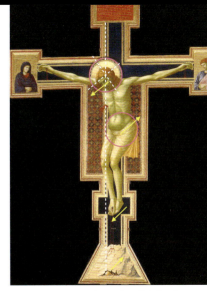

图 48　图 46 的形式分析图　　　　　图 49　图 47 的形式分析图　　　　　图 50　图 11 的形式分析图

母袍子的金色带子的变化映衬了圣母的悲恸，仿佛能让观者联想到圣母向后退的动态。根据他们望向基督的视线角度，在画面中产生的三角形（对比图 16 和图 29 中的蓝色虚线三角形），显然，图 16 中的锐角三角形强调的是有血有肉基督的重力，再现真实。而在后者中，乔托通过钝角三角形的拉伸感，展示基督受难的痛苦，表达的是情感。对比图 40 和图 41，前者的各各他顶部有面积大小不一的三滩血渍，它们所在的位置打破了后者的对称，轮廓线不再清晰，前者的偶然性效果显得更为真实。所以，即使帕多瓦基督几乎位于十字架的中轴线，看起来木讷呆板的构图，却因为乔托在其他细节上的处理，使得作品比前面提及的几位受难基督都更能撼动人心。

　　与乔托相类似，奇马布埃在完成阿雷佐的受难基督的十几年后，在佛罗伦萨创作了《圣十字大教堂的受难基督》（对比图 46 和图 47），两者风格也有重要改变。对比图 46 和图 47，佛罗伦萨基督在人体结构，皮肤色彩的描绘上更真实，更有雕塑感，图案感减弱，例如，腹部肌肉之间的分界线已经淡化。另外，与阿雷佐的基督相比，佛罗伦萨基督头部变小，胯部和大腿部分显得非常硕大。对比图 48、图 49、图 50 更能说明这种比例上的变化和作用：倘若以基督头后光环的大小做参照物，乔托将这两部分处理得大小差不多，看起来匀称（图 50 两个紫红色圆圈）。阿雷佐的基督胯部比光环小（图 48 两个绿色圆圈），所以，从上往下看，有从大到小的变化。当奇马布埃转向写实，想要舍弃原本的装饰性色彩，并要保持这个夸张的姿势（惯例），他不得不加大圣十字大殿基督胯部的体积和量感（图 49 橙色圆圈），增强基督身体的视觉重力。

　　对比图 49 和图 50 中的十字形白色虚线（以光环中的十字架为参照），在奇马布埃的作品中，十字形的焦点落在基督的左眼附近。十字架纵轴线的一边是基督的正脸，另一边是侧脸、耳朵和头部，纵轴线成为头部转折的分界线（图 51），正如 15 世纪《滑稽动作的比例和姿态指南》（*Unterweisung der Proportion und Stellung der Possen*）中的

图 51　图 49 局部

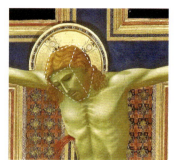

图 52　图 11 局部

图 53　图 11 局部

图 54

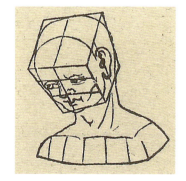

图 55

插图所示（图 54），正脸和侧脸之间有正方体的棱边做分界线。[7] 对比图 51 和图 54，其实它们的头部都不符合透视关系，同时看到正面的脸部和头部的侧面，这是埃及艺术再现艺术家"所知"的做法，而非再现眼睛"所见"。

在乔托的作品中，基督的头部的透视关系更具有几何立体感（图 52、图 55）。基督前倾垂落的头部朝向各各他的骷髅（图 53），基督主要以左脸面向观者，骷髅则以右脸呈现，两者形成镜像对称的关系。所以，乔托利用基督这个俯视动作和骷髅作为一种象征符号的含义，表达了"受难基督"主题所要叙述的过去发生的，正在发生的，和即将要发生的。由上分析来看，乔托的作品在构思上比奇马布埃的作品更深入，也就不奇怪人们为何认同乔托超越了奇马布埃的艺术成就。

[7] Erhard Schön. *Unterweisung der Proportion und Stellung der Possen*[M]. Edited by Leo Baer. Frankfurt am Main: Published by Joseph Baer & Co., 1920.

二、奇马布埃、乔托与杜乔作品风格的比较：以"圣母子登基"主题作品为例

"圣母子登基"（The Virgin and Child Enthroned）的原型来自拜占庭（如图1），并于公元7世纪开始在西方教会中流行。[1] 奇马布埃、乔托和杜乔是意大利文艺复兴时期的三位先驱艺术家，他们创作的同类主题作品（图2至图4）体现了意大利风格和拜占庭风格的融合。本文围绕"圣母子登基"主题，比较奇马布埃、乔托、杜乔和拜占庭艺术家的作品在风格上的差异，以此管窥文艺复兴之初的艺术从图案向写实风格的转折。

（一）拜占庭艺术家的"圣母子登基"主题作品

"圣母子登基"这个主题要描绘体积有差距的圣母子，他们坐在椅子上的姿势，他们和椅子之间的空间关系，还要布置以上这些事物和天使或圣人之间的形式关系，无论对于拜占庭艺术家还是文艺复兴初期的艺术家来说，要平衡以上这些形式关系，都不是容易的事情。在拜占庭艺术家的作品中（图1），圣母左手环抱圣婴，右手扶住他的膝盖。圣母左肩比右肩低，一方面暗示了圣婴坐在她左手手臂上，另一方面则暗示圣母上半身身躯转向圣婴。圣婴以上半身正面面向观者，双脚转向圣母。艺术家利用圣婴腰部衣服的褶皱，掩饰了圣婴上半身和下半身姿势的矛盾。在图5中，圣母若有所思地看向画外，圣婴的眼神遥望远方，他们与观者并无眼神交流。圣婴举起的食指和中指指向圣母蓝色衣服的高光处，厚重的掌心朝向画面左下方，因此，圣母的头部动态方向和圣婴手掌心的指向形成对角线关系（蓝色箭头）。

对比图5和图6来看，两位圣母头部转向动态和坐姿有相似之处。不过，奇马布埃的圣母和圣婴一并俯视观者。[2] 圣母以上半身身躯的正面面向我们，她左手托住圣婴臀部、腿部的姿势和拜占庭艺术家的圣母类似。圣婴似乎靠在身后的椅子上，

[1] 西方艺术事典[M]: 415, 424, 427。

[2] 奇马布埃的这张高达384厘米，观者需要仰视画面，而非以看印刷品的角度观看该作品。乔托和杜乔的作品也高达325厘米和450厘米。

图(1)

图 2

图 3

图 5

图 6

图 7

图1
13世纪拜占庭艺术家,《圣母玛利亚和圣婴坐在宝座上》,约 1260—1280 年,镶板蛋彩画,82.4 厘米×50.1 厘米,安德鲁·W.梅隆收藏

图2
奇马布埃,《圣母子登基》,约1290—1300 年,镶板蛋彩画,384 厘米×223 厘米,佛罗伦萨乌菲齐美术馆

图3
乔托,《圣母子登基》,约 1310—1305 年,镶板蛋彩画,325 厘米×204 厘米,佛罗伦萨乌菲齐美术馆

图4
杜乔,《天使们围绕登基的圣母子》,约1285 年,镶板蛋彩画,450 厘米×290 厘米,佛罗伦萨乌菲齐美术馆

图5—图8
分别为图1—图4的局部形式分析图

图8

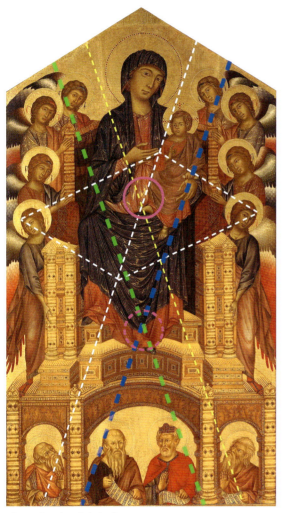

图 9　图 2 的形式分析图

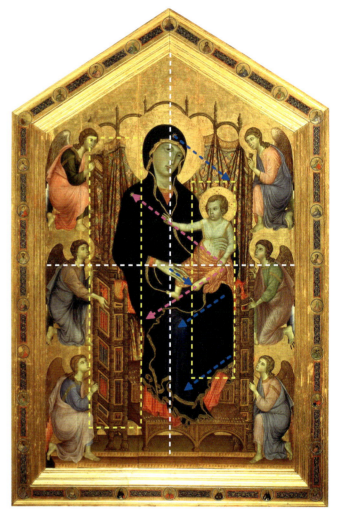
图 10　图 4 的形式分析图

而不是坐在圣母的手臂上。因此，变换了姿势的圣母，她的左肩略微高于右肩，右肩相对更放松。圣母子双脚的姿势和前人的也不一样，他们各自的双膝不在同一水平面上，都是右膝高于左膝。受圣母这个坐姿影响，她的右膝比左膝立体感更强。圣母右手指向圣婴，圣婴右手指向天空，掌心朝向画面右下方。圣母右手的指示方向和圣婴右手手心的朝向（图 6 黄色箭头）形成连贯的线条，和画面坐垫轮廓线，天使手部、头部转向一并构成菱形闭环（图 9 白色菱形），具有装饰图案的封闭性特点。值得注意的是，在图 9 中，两组对角线的交点位置，分别强调了事物的"凸"面与"凹"面（紫红色圆圈），具有空间上的纵深暗示，打破了网格的线条束缚。

　　对比奇马布埃和乔托的作品（图6和图7），乔托的圣母眼神也是俯视观者，圣婴仰视远处。圣母的左肩和圣婴的右肩一并向后退，形成画面中的"凹"空间，暗示了空间上的深度关系。圣母双手分别扶住圣婴的腰部和膝盖，圣婴似乎坐在垫子上，而不是圣母的大腿上。圣母右手的肤色自然，能看到淡淡的绿色血管。圣母子都是右膝略高于左膝，乔托在膝盖的短缩和明暗关系的处理上，比前两位艺术家的作品更真实而自然。圣婴淡红色的透明袍子能让观者若隐若现地看到腿部和膝盖的结构。圣婴右手掌心朝向画面左下方，和圣母袍子的延伸方向形成对角线关系（图7绿色箭头）。蓝色中轴线联结了圣婴手心和圣母衣领，此处恰好是衣服褶皱的起点之一。

　　对比杜乔和奇马布埃、乔托的作品，杜乔笔下的圣母抱住圣婴的手部姿势和乔托的类同（图8和图6、图7）。圣母左肩放松向下倾斜，而圣婴右肩抬起。杜乔的圣母头部动态和脸部五官特征和奇马布埃的类同（对比图6、图8），然而，圣母的眼珠位置与奇马布埃的不同，她眼睛斜视看向苍穹。圣婴看向画面左方，不再仰视苍穹或俯视朝拜者，看起来更有生活中婴儿的气息。圣母双膝的姿势与前三位艺术家的都不同，她左膝高右膝低，圣婴盘起左腿，右腿踩在圣母右腿上，因此，圣婴坐在圣母身后的坐垫上，双脚置于圣母双腿上的姿势看起来更合理。

　　圣婴右手指向圣母肩膀上的星形图案，这个方向和圣母左肩下垂的方向，头部倾斜的方向，圣母右手的方向相反（图8橙色箭头）。在图10中，圣婴右手手指指向和他左腿的指向呈水平面上的镜像对称（两个紫红色箭头）。圣母双膝之间连线，与深色裙摆轮廓线平行，它们和圣母头部、手部姿势的方向形成对角线关系（四个蓝色箭头）。圣婴坐在圣母左腿上，圣母头部转向圣婴。她的右肩、右脚都处于轻松状态，与图10中黄色方框的视觉重力（圣婴和沉重的椅子侧面）或张力（紧绷的椅子靠背）形成对比。由于圣母头部的星星图案在画面中轴线右侧，为了平衡它产生的视觉力，圣婴的右手越过了画面中轴线，向画面左方延伸。圣母袍子上的金色装饰带有着松散的褶皱，和紧紧裹着圣婴身体的袍子形成鲜明对比。对比乔托和杜乔的作品（图7、图8），乔托圣母子姿势的线条更柔和，杜乔的圣母子姿势较僵硬。综合以上对比分析来看，仅仅是圣母子的形象和姿势，这几位艺术家的作品中都体现了对"惯例"的继承与创造性的改良，这种改良还和背景人物，诸如天使、圣人或先知们的布置有着不同的形式联系。

　　在拜占庭艺术家的作品中（图11），圣婴坐在圣母的手臂上，圣母环抱他的双臂与圈椅的轮廓呼应（紫红色弧线），画面中由此形成两个承载人物的"椅子"。艺术家还未能按解剖学结构再现圣婴左手抓住事物的姿势，他左手五指并排，具有图案特征，与他左脚趾指向的方向相同（黄色圆圈）。圣婴左手握住红色物件，和左手上方的绿色衣服褶皱区域的倾斜方向差不多（红色虚线方形）。艺术家运用线影法（hatching）描绘圣婴的左腿部分和圣母左腿部分的明暗，两者的图案相似。因此，从绿色衣服的褶皱区域，

图 11　图 1 的形式分析图　　　　　　　　　　　图 12　图 1 的去色图

　　圣婴左手五指，红色物件，圣婴左腿，左脚脚趾到圣母左腿，在这个白色三角形区域，包含了相似图形和图案之间从小到大的变化，也暗示了事物在空间中从远向近的变化，暗示了纵深空间的渐变。

　　由于暖色有"向前"的作用，冷色则看起来有"后退"的效果，在白色三角形区域，圣婴的淡红色衣服、绿色衣服和圣母左脚的蓝色衣服区域之间也形成了空间上的前后关系变化。圣母双膝红色衣服和蓝色衣服的颜色对比，也暗示了她左脚向后缩的空间关系。因此，艺术家虽然对人体的解剖知识不了解，然而，他利用色彩来暗示空间关系。

　　圈椅占据了大部分的画面背景，画面左边圈椅的内部图案比右边的更紧凑，整体颜色更深（对比图 11 和图 12）。左边圈椅外立面在纵向上由深到浅的颜色变化，比右边圈椅外立面更明显，因此，画面左边圈椅内、外区域的视觉重力（图 11 两个黄色箭头）都比右边更大。根据色相的关系，可以将圣母身着红色衣服的部分和圣婴红色衣服部分看作一个大区域（蓝色三角形）。圣婴绿色衣服和圣母蓝色衣服在色相上相近，这是另一个区域。在作品的去色图中（图 12），可以看到红色斜线左方的暗部颜色更深，右方颜色相对更明亮，形成对比。所以，虽然基督的个头比圣母小，但是他所在的区域总体明度比左方更亮，在明暗关系上形成了平衡。

为了加强红色斜线右方的视觉力，可以看见圣婴厚重的发量使得他的头部看起来更大（图 11 白色虚线圆圈），当然，这也是为了平衡圣婴、圣母头部和画面上方 8 个圆形的大小关系（绿色虚线圆圈）。而且，画面右上方的天使的体积也比左上方天使更大，他也有增强画面右边视觉力的作用。在画面底部，艺术家描绘了垫脚台的侧面，这不仅增强了空间上的错觉，垫脚台加重了画面右方的视觉重力（黄色箭头）。垫脚台"凸"出的角与白色三角形空间一并，让画面右方空间渐变的深度关系再次增强。

在画面中轴线附近，圣母低头的动态和她左脚边衣服蓝色的角在方向上相同（图 11 白色箭头），圣婴右手手指（白色圆圈）指向圣母蓝色衣服的高光，手的指向与前两者方向相反。圣母右手下方红色衣服的指向和圣婴双腿之间衣服阴影的指向（两个蓝色箭头），一起朝圣婴右脚指去。他右脚指向和圣母右脚指向相同（两个绿色圆圈），形状、大小相似，增强了画面中部和下方区域的联系。圣母双膝之间的衣服阴影加强了此处的视觉重力（绿色箭头），圣母左手手臂旁垂下的红色衣服及其阴影也有一个视觉重力（绿色箭头），两者相呼应，暗示了空间关系的变化。

另外，圣母左脚伸出去的方向与垫脚台的纹理形成交叉线的关系（图 11 蓝色交叉），加强了画面右方底部的视觉张力。圣母鼻子的轮廓线与圣婴手指的方向形成交叉线关系（红色交叉），这不仅通过人物姿势加强圣母子的联系，而且，红色交叉和蓝色交叉在画面上、下方的呼应关系，增强了画面上动态的呼应关系。综上来看，艺术家利用人物的姿势关系，图案的疏密关系，色彩冷暖对比关系，同色相的深浅关系，使得作品的图案具有动态变化和生气。

（二）对比奇马布埃和乔托的"圣母子登基"主题作品

在奇马布埃的作品中，可以将画面看作是由三角形和长方形组成的构图（图 13 蓝色角，白色横线下面的方形部分），也可以根据椅子的结构，将画面划分为上、中、下和左、中、右部分（白色横、纵轴线）。在椅背后面（图 14 中的 A、a），椅子靠背左右（B、b、C、c），椅子座位两旁（D、d）都有左右对称分布的天使，天使衣服、翅膀的颜色有左

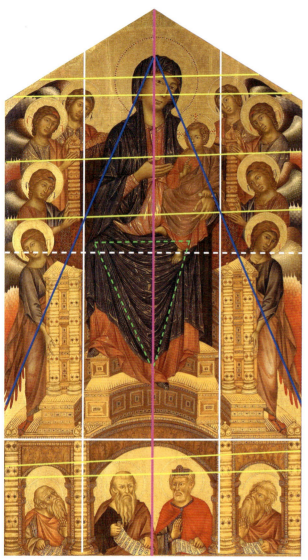
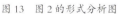

图 13　图 2 的形式分析图

图 14　图 2 局部

右对称的分布。在椅子底部（图 15），从左到右有耶利米（Jeremiah）、亚伯拉罕（Abraham）、大卫（David）和以赛亚（Isaiah）这四位先知。

　　对比图 13 的水平横线（白色虚线）和黄色线（天使光环顶部的连线），画面左右两边的天使和先知们并不处于同一水平高度，画面右方的人物高于左方的人物。因此，奇马布埃利用倾斜的水平线加强了画面左方天使的视觉重力。在画面同一水平面上（图 14），右边天使的脸部比左边的更大，翅膀面积更大，翅膀高度更高，甚至在翅膀鳞片的勾勒上也更清晰，因此，右方的视觉力也得到加强。

在图 15 中，参考紫红色中轴线和圣母姿势的关系，可以看到圣母上半身向画面右方倾斜，脸部大半部分都在画面右方，她右手指向圣婴，以此加强了圣婴所在区域的视觉重力。然而，圣母双腿主要在画面左方（左脚恰好经过紫红色中轴线）。因此，他们的腿部姿势加强了画面左下方的视觉重力。所以，这两个视觉重力在对角线方向上形成呼应。另外，圣母的坐姿使得她的右手臂旁空出一个区域（图 15 灰色实线梯形），在该区域的斜对角线方向上，圣母左腿和凳子之间的空间形成另一个灰色梯形区域，这两个负空间也在对角线上形成呼应。因此，在画面中，形成对角线上的张力关系。

除此，在画面的中轴线区域，圣母头部的朝向，红色衣领褶皱的朝向，她右手的指向，圣婴右脚的指向（四个白色箭头），形成 Z 字形路径的动态变化。另外，圣母双脚的指向分别和天使 D、d 指向相同（蓝色箭头），圣母右脚与天使 D 脚部的水平距离，小于她和天使 d 脚部的水平距离。然而，天使 d 腿部衣服颜色比天使 D 更亮，画面右方椅子的厚度也比左方大。因此，这个水平面上的视觉力也得到了平衡。

奇马布埃在左右两边天使衣服色彩的明暗对比上还做了进一步的构思：在图 14 中，天使 d 红色衣服明度比天使 D 的更亮，天使 D 上衣的明度比天使 d 的明度亮。天使 A、B、c 衣服上的金色装饰图案比天使 a、b、C 的更清晰、精细（白色圆圈）。所以，画面左右两侧在色彩明度变化上，装饰细节精细和粗略的对比上，也形成 Z 字形路径的变化。

在天使的动态方面，六位天使（A、a、B、b、C、c）头部都朝向圣母和圣婴（图 15 紫红色弧线，或参考天使头部左右头饰倾斜的方向），该姿势同时向圣母、圣婴产生视觉力。天使 A、a、B、b、D、d 的眼睛都看向观者，然而，天使 C、c 眼睛看向圣母和圣婴（红色箭头），她们的眼神进一步加强头部动态形成的视觉力。天使翅膀高光和衣领的连线（蓝色斜线），具有发散性的效果，营造了圣母子的神圣性。天使 B、b、C、c 手指的方向分别与椅子顶部的轮廓线、坐垫外轮廓线平行（绿色斜线），加强了椅子内外人物之间的关系。天使 D、d 头部动态和其他天使的相反，她们头部姿势的视觉力与三角形坐垫的褶皱方向一致（橙色实线箭头）。所以，在作品中间区域的左右两边，这三组视觉力的方向形成了节奏变化。

紧接着，天使 D、d 翅膀尾部指向画面底部（图 15 橙色虚线箭头），天使 D、d 手扶座椅的动作，分别指向画面下方。在椅子底部，耶利米和以赛亚脸部中轴线和胡须、手势形成连贯的弧线（黄色弧线）和头部动态（橙色箭头），分别与天使 D、d 头部轮廓线、动态呼应，以此加强了画面下方和中部的联系。事实上，天使翅膀上的高光（蓝色斜线），天使 D、d、圣母的脚部方向（四个蓝色箭头），天使 D、d 翅膀的指向，加强了画面上方的视觉张力，尤其是天使 D、d 所在的横截面。

四位先知与画面上方人物有着重要的形式关系：四位先知面前的经卷动态组合成一

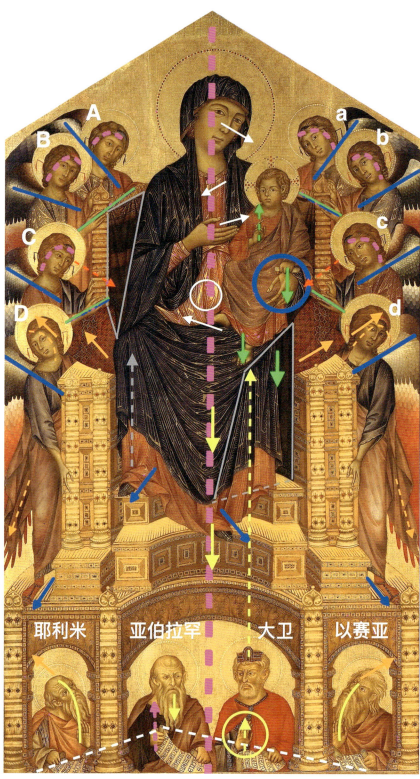

图 15 图 2 的形式分析图

个白色三角形，亚伯拉罕的手部动态位置最高，形成一个向上的视觉力（紫红色虚线箭头），与圣母右脚所踩台阶的视觉支撑力方向相同（灰色箭头）。亚伯拉罕身着深色衣服，不仅加强了画面左下方底部的视觉重力，他深紫色的衣服还与垂直于他上方的椅背颜色相呼应（灰色实线梯形），他浅色的外衣颜色与圣婴的衣服颜色呼应。

亚伯拉罕胡子下垂的方向和大卫举起的手指方向，头上皇冠的指示方向相反（黄色圆圈，黄色虚线箭头）。圣婴和大卫处于同一垂直空间，他们的衣服都是红色，但是大卫衣服的红色纯度更高，因而能加强画面右下方底部的视觉重力。圣婴和圣母的左手叠加在一起形成一个视觉重力，他下垂的左脚，以及圣母左脚旁的深色阴影各有一个视觉重力（图15 三个绿色实线箭头）。圣婴右手指向天空，形成的视觉力（绿色虚线箭头）与他下方的黄色虚线箭头的视觉力方向相同，它们一并与绿色实线箭头所代表的视觉重力相平衡。总的来看，圣母双膝之间的衣服褶皱形成的三角形（图13 绿色三角形），形成垂直向下的视觉重力，指向画面下方。因此，奇马布埃的圣母子更具有人的重力特征。

乔托的作品看起来比前两位艺术家的作品都更写实，例如圣母手部的皮肤，圣婴若隐若现衣服下的人体结构。然而，他的作品中仍然有前人处理形式关系的手法：在图16中，白色三角形和蓝色三角加强了画面上的稳定感，画面左右两侧的人物在数量和姿势上形成镜像对称，然而，他们的形式关系实际上并不对称。对比白色水平横线和橙色线（人物光环顶部连线），可以发现橙色线有左低右高的趋势，艺术家加强了画面左方的视觉重力。从座椅内部弧形龛面的透视关系，人物a、b脸部的大小对比，以及画面下方楼梯的透视关系，楼梯两个侧面的大小对比（白色方框），并对比绿色纵线和白色中轴线的关系，可知画面实际的中轴线是绿色纵线。换言之，乔托设置了观看此画的视角，即站在作品的左前方看向作品的右方，因此他加强了圣婴及其身后圣人们的视觉重力。对比画面左右两侧人物的明度关系（图17），圣婴身后的圣人们的明度比画面左方的更亮，视觉力也更重。

对比奇马布埃和乔托作品的中轴线（图15 紫红色中轴线和图16 白色中轴线），奇马布埃作品中的中轴线在圣母右脸穿过，乔托作品的中轴线在圣母鼻子左侧通过，换言之，圣母往画面左方"移动"了。奇马布埃的圣母上半身被圣婴挡住约三分之一的区域，乔托圣母子的身躯贴近度进一步削弱，乔托的圣母以更大面积的上半身形象面向观者。艺术家不再用线影法描绘对象的明暗变化，他用同一色相的明度变化再现对象的立体感，占据画面最大面积的圣母形象更具有雕塑感。

在图16中，天使e衣服的暗部和亮部，分别与圣母右边厚重袍子的"暗"，右脚衣服的"亮"形成呼应。圣母白色衣服和圣婴淡粉色衣服，与天使f衣服的明度关系形成呼应，都只有亮面和灰面。座椅内的弧形龛部，其左、右的明暗关系和天使e、f衣服的明暗关系形成对角线上的呼应。所以，在蓝色三角形区域，乔托还利用明暗关系加

图 16　图 3 的形式分析图

强了椅子、圣母子和天使在空间上的联系。圣母较完整的形象，她在画面中几乎是居中的位置，蓝色三角形构图，它们一并加强了画面的稳定性。座椅顶部七个三角形部件形成向上指引的视觉力，它们和画面的视觉重力在垂直方向上相平衡，使得画面兼具庄严感和神圣感。

另外，圣母子头后的金色光环有大小对比，乔托在圣婴头上描绘的图案（图 16 红色方框）加强了此处的视觉重力。天使 e、f 手持的花瓶在大小、明度上有所不同。前者的花瓶明度更亮，花束相对小，后者的与前者相反。在黄色圆圈中，百合花最大的花瓣形状和圣母袍子金色饰带形状相似，它们一并随着天使 e 的视线指向圣婴（黄色实线箭头）。在白色圆圈中，红色花朵形成向画面右下方的视觉力（黄色虚线箭头），与圣人 c 手持的倾斜皇冠视觉力形成镜像对称（绿色实线箭头）。圣母左脚袍子形成的黄色角指向天使 f，袍子三段金色饰带形成向画面上方的指示（白色实线箭头），和圣人 d 所持物件的指示方向，圣人 b 衣服金色饰带形成的角（两个白色虚线箭头），一并指向椅子顶部的三角形部件。

以圣婴为中心，他的身体姿势有指引观者看向画面不同方向的作用：圣婴右手向画面左上角指去，与圣母白色衣服褶皱的方向相同，引导我们看向圣母。他的右脚指向圣母右方的红色坐垫，红色坐垫延伸的方向，是身着同色相红色衣服的圣徒 a（绿色弧线箭头），他衣领的金色饰带也指向座椅顶部（绿色虚线箭头）。圣婴握着纸片的左手放在左大腿上。顺着纸展开延伸的方向，以及左大腿耷拉的方向，乔托引导观者看向圣母双膝之间耷拉的褶皱。圣母袍子底部露出来的白色裙子褶皱（紫红色圆圈）指向天使 e。因此，从圣母白色上衣的褶皱，圣婴衣服的褶皱，到他们双腿之间的褶皱，这四个紫红色箭头不仅有指引观看的作用，还在画面中轴线上形成节奏的变化。另外，圣婴坐着的红色带子同时与座椅龛部、圣母的红色坐垫呼应。

座椅左右两边的圣徒形象已经有了肖像上的差异化，不再只是大小和颜色上的不同（对比图 14 和图 17）。在图 17 中，为了保持对称性，左右两边在位置上对应的圣人，他们的五官特征相似。乔托在其他地方做了差异化的处理：圣徒 A、a 分别着红色、淡灰色衣服，圣徒 C、c 则是深灰色和红色，以此打破了奇马布埃对称填色的做法。圣徒 A 的光头形象和圣徒 a 的秃头形象有着相似之处，并和差不多在同一水平面的圣婴茂密的头发形成对比。圣徒 A、C 的胡子稀疏，圣徒 a、c 的胡子浓密。圣徒 D、F 的脸部轮廓更秀气，圣徒 d、f 的则相对粗犷。为了与 D、F 的肖像特征形成对比，对圣徒 E 的描绘较粗略，而对圣徒 e 的描绘则更细腻，即使她们都只露出脸的局部——乔托再次通过再现偶然看到的样子再现"真实"。

在右边的六位圣徒中，有五位都戴了金色的冠，而且，描绘得相对左边的精细。相比而言，左边的六位圣徒中只有三位戴了皇冠，而且，相对简约，立体感被削弱。所以

图 17   图 3 局部

右边人物粗犷的脸部特征和精细的皇冠形成对比，左边人物的则相反。人物 F、f 衣服颜色一样，在明度上形成对比。人物 F 手捧的皇冠比 f 所拿的器物更为立体精细，与人物暗色的衣服形成对比。另外，在画面上方，圣母白色、深色衣服，以及圣婴透明的衣服形成质感上的对比。在画面底部，乔托描绘了大理石的纹路，营造了光滑的错觉效果，它和阶梯上有线性特征的装饰图案产生的触觉（tactile）效果形成对比。

　　值得一提的是，倘若对比乔托和其他三位艺术家作品中的圣母双手（图 7 和图 5、图 6、图 8），乔托只再现了圣母左手局部，描绘了三根指头。这就打破了另外三位艺术家固有的完整的图案观念和形式对称的做法，表现了真实生活中偶然看到的场景。圣母芳唇微启，隐约可见牙齿，而她左脸庞还挂有若隐若现的泪珠（对比图 7 和图 5、图 6、图 8）。这不仅令人联想到古希腊雕塑在脸部表情上的实践，如微笑表情，不再拘泥古埃及艺术再现的所知。仅从乔托这一创举而言，他已经不再满足于客观地再现对象了，他还要表现人物的内心世界和情绪。

（三）对比杜乔和奇马布埃的"圣母子登基"主题作品

杜乔的《圣母子登基》（图 4）也值得在此处拿来类比讨论，他的这幅作品曾被误以为是奇马布埃所作。倘若对比图 6 和图 8 而言，圣母相貌相似，头部动态几乎一模一样。然而，她们的坐姿并不一样：在杜乔的作品中（图 18），圣母袍子上的两颗星星和圣婴伸出去的右手组成三角形（白色三角形），圣婴双膝和双脚的动态也暗含三角形（紫红色三角形），它们形成垂直平面和水平平面的呼应关系。圣婴坐在圣母的左腿上，圣母的右腿相对处于放松状态，圣母双手都需要扶住圣婴。圣婴右肩抬起，左手拽着衣服。因此，这几个需要用力的部位形成绿色 Z 字形的关系。圣婴左手臂、左腿和圣母右膝盖处于放松状态，它们形成的蓝色弧线与 Z 字形形成松、紧对比。蓝色 S 形还和圣母双膝金色饰带的白色 S 形轮廓呼应。

天使 B、C 衣服的颜色（红色、蓝色）和座椅侧面图案的颜色呼应（红色、蓝色双向箭头）。天使 B 和天使 A、C 的身体姿势不同，沿着天使 B 手部的姿势和腿部姿势的方向能进一步强调椅子侧面的透视关系，引导人们从背景看向白色方框。该方框中的椅子纹路和布的褶皱相似，形成连贯性，继而沿着白色 S 形弧线看向圣母子。另外，椅子侧面红色图案和圣母右脚红色衣服区域的褶皱类似（绿色双向箭头），能引导观者看向圣母脚部和画面下方。

圣母身上红色衣服区域有四个，袖子部位的红色区域和袖口的金色饰带，它们和圣母右边坐垫相似，形成镜像对称的关系。衣领处的红色三角形和图 18 中的白色、紫红色三角形形成实与虚的对比，前者有加强衔接后两者的作用。圣母脚边的红色衣服有松弛和被拉扯状态的对比，圣母左右两边坐垫看起来也有一松一紧的对比，因此，这四个红色区域，它们在对角线上形成呼应（黄色箭头和橙色箭头）。两个蓝色方框中的红色布料的褶皱相似，衔接了画面的中部空间和下方空间。倘若将蓝色方框和白色虚线方框中的布料褶皱相联系，它们的"相似性"有助于人们将它们看作一个整体，暗含的三角形和白色、紫红色三角形，以及圣母三角形的衣领呼应。因此，它们的相似性不仅有引导观看的作用，还能加强形式之间的统一性。另外，椅子底部的紫红色、白色弧形轮廓与顶部的轮廓线形成呼应，加强了画面上、下空间的联系。

在图 19 中，可以看到杜乔对左右两边天使所做的差异化处理：在同一水平面的左右对应位置上，左边的天使比右边的体积和量感更大，右边天使的颜色明度比左边的亮，以此加强椅子转向一侧的透视关系，引导观者从画面左侧看向画面右侧。另外，杜乔还利用椅子后背的褶皱营造透视关系，褶皱形成顶角角度不同的三角形，左边的三角形顶角角度比右边三角形顶角小（对比图 20 紫红色角和黄色角），艺术家以此暗示椅子的转向，突出画中的圣婴。黄色角仿佛灯光照射在圣婴头部，此处的光线比紫红色角的光线强。

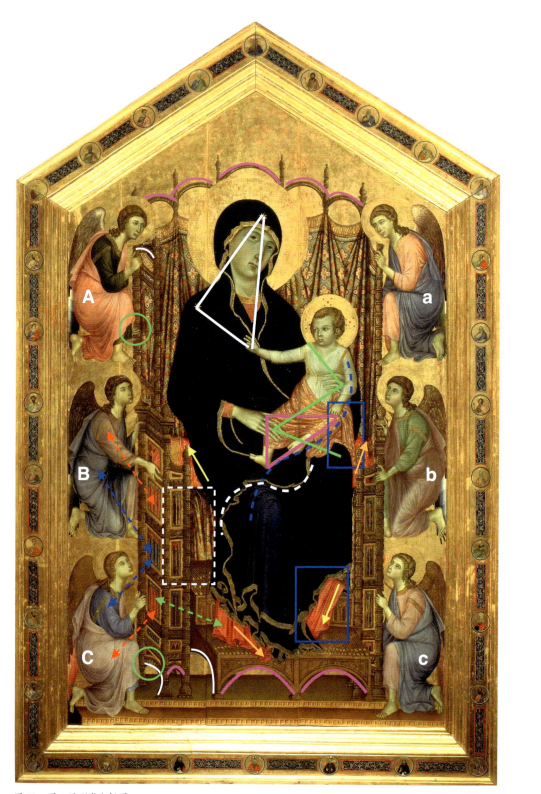

图 18　图 4 的形式分析图

图 19　图 4 局部

图 20　图 4 的形式分析图

虽然天使们的五官特征和发型仍然相似，然而，杜乔在衣服的用色上打破左右对称的僵硬。

　　在图 20 中，天使 B 的红色上衣，蓝色袍子分别和天使 a、c 的上衣、袍子在色相上相对应。天使 b 的红色袍子也和天使 A、C 的袍子在色相上相对应，天使 b 的绿色上衣和天使 A 的上衣在色相上对应，和天使 C 的蓝色上衣在色相上相近。对比六位天使衣服的颜色来看，天使 b 上衣的绿色饱和度和明度都最突出，天使 A 衣服的红色饱和度最高。因此，即使六位天使的外貌特征和着装相类似，但天使 A、b 衣服颜色的差异化有强调绿色虚线这个观看路径的作用：沿着天使 A 的眼神看向圣母，接着从圣母头部动态看向圣婴，或逆方向沿着天使 b 的视线看向圣婴，沿着他右手指示的方向看向圣母和天使 A。因此，杜乔在此处的用色打破了奇马布埃用色的左右对称性，不仅使得画面更具有动感，

图 21　图 4 的形式分析图

图 22　奇马布埃，《六位天使簇拥的圣母子》，约 1275—1300 年，镶板蛋彩画，424 厘米 ×276 厘米，巴黎卢浮宫博物馆

还有构造视觉等级结构的作用。

　　杜乔的作品还有一个地方和前几位艺术家有着明显的不同，他将圣人、圣徒描绘在画框当中，使得他们成为装饰的元素（对比图 2 至图 4）。在图 21 中，笔者以白色、橙色线连接这些元素，它们形成的网格和天使们的动态呼应（蓝色、紫红色箭头）。因此，网格不仅加强了画面的整体性，还关联了画面和画框的关系。虽然，杜乔的作品中的人物在肤色、动态，人物脸部表情上都更为写实，然而，网格带来的秩序感是写实的绊脚石，导致杜乔的作品介于二维平面图案和三维写实之间，表意不明。例如，天使 A、C 抓住椅子的左手，让人无法判断她们是要将椅子抬起，还是将椅子放在地上。结合六位天使的跪姿都是站在地面的状态来看，她们似乎在帮助圣母子降临人间，这更符合文艺复兴

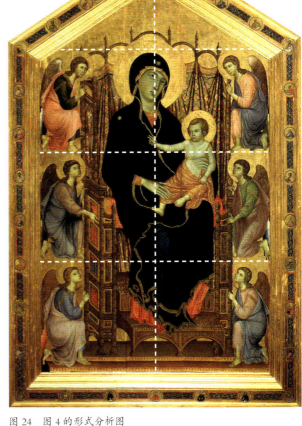

图 23　图 22 的形式分析图　　　　　　　图 24　图 4 的形式分析图

时期这类作品往往用于祈祷的功能要求。

　　事实上，杜乔的作品与奇马布埃另一张《圣母子登基》（图 22）作品更相像（图
23、图 24，白色纵轴线和圣母姿势的关系），不仅圣母的五官特征相似，而且，圣母的
坐姿类同，都是左膝高右膝低，圣婴坐在圣母左大腿上，圣婴手臂和手指一并指向画面
左方。不过，杜乔的圣母子各自的双肩已经有了受动作影响的高、低不同。对比图 25 和
图 26 来看，圣母头部饰带褶皱有相似之处，然而，后者打破对称关系，线条更柔和自然。
前者中的圣母子表情呆滞，他们的形象和六位天使相像，杜乔的圣母子和天使们的形象
不相像，圣婴的脸部形象也与圣母不同。

　　在杜乔的作品中，天使们的高度相同，处于同一水平高度上（图 24 白色横轴线）。不过，

 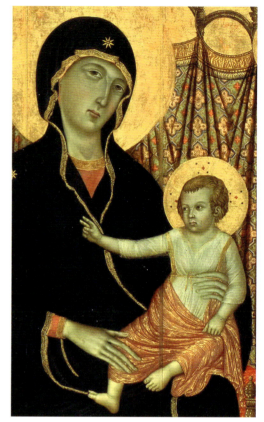

图 25　图 22 局部　　　　　　　　　图 26　图 4 局部

在奇马布埃的这张作品中，天使 A 比 a 高（对比图 23 白色虚线和绿色虚线），天使 C、c 的手不在同一水平面上（对比白色虚线和紫红色虚线），天使 B、b 抓住椅子的手不遵循左右对称。对比绿色、紫红色虚线和白色横轴来看，绿色和紫红色线组合成的梯形有助于暗示椅子往画面右方打侧摆放的视觉效果，产生从左向右的视觉力，它与圣婴手臂伸向画面左方的视觉力方向相反。

在图 23 中，天使 A、B、C 比天使 a、b、c 的体积更大，她们在纵向轴上的视觉重力比右方更大。不过天使 A、B 身旁是椅背，此处的视觉重力减弱。天使 a、b 身旁有圣婴，他们一并加强了画面右上方的视觉重力，与画面左上方的视觉重力平衡。在画面左下角，天使 C 和椅子侧面一并增强了画面左下角的视觉重力。然而，画面右下方，圣母抬起的左膝有增强向上视觉力的作用，所以在绿色三角形波浪线区域附近，画面左下角和右下角的视觉力达到平衡。另外，圣母子的身体姿势形成蓝色对角线，和天使 C 身体姿势形成的黄色对角线呼应。圣婴手部姿势和椅背图案形成对角线，圣母左脚和天使 c 手部姿

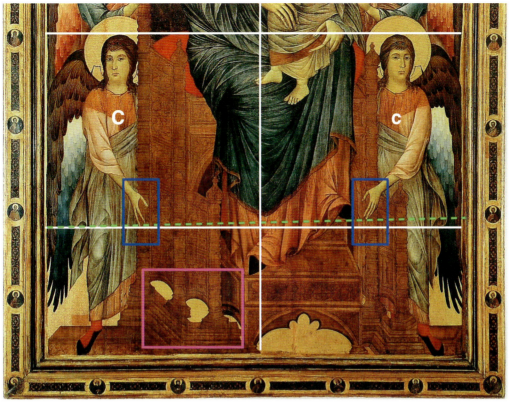

图 27　图 22 局部的形式分析图

图 28　图 22 的形式分析图

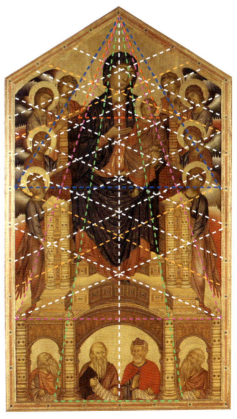

图 29　图 2 的形式分析图

势形成的另一个对角线，它们也形成呼应关系（两条白色对角线）。这四个对角线构成整个画面的对角线构图，从而形成更大的张力。因此，这张作品中有三个层次的视觉张力和三个视觉等级关系。

从图 23 中，可以看到天使 B、b、C、c 都处于同一高度，奇马布埃对天使 C、c 双手的描绘打破了左右对称的关系（图 27 蓝色方框），他描绘了天使 C 的三根手指，天使 c 所有手指，以此加强右下方的视觉重力。并通过紫红色方框中的镂空，减轻椅子的视觉重力。事实上，奇马布埃的两张作品都运用了网格构图（图 28、图 29），从图 28 中的白色三角形和紫红色纵轴线来看，可以发现圣母子这组人物的中心线在画面右方。在另一张《圣母子登基》中（图 29），不仅有白色交叉线网格，在纵向空间上，还有与椅子结构相呼应的四个层次三角形构图（绿色、紫红色、蓝色、红色三角形）。可见，奇马布埃的作品中蕴含了"写实化的图案"，并影响了其他艺术家。

三、奇马布埃和乔托等人作品中的网格构图

奇马布埃和乔托是否为师徒尚无确凿的证据可以证明，不过，他们的作品都有着层次丰富的网格构图。文艺复兴时期的人们认为乔托超越了奇马布埃，事实上，乔托作品中的网格构图层次更为丰富，而且，他还能在这种构图的束缚中，表达情感和情节，实现叙事（istoria）。乔托的学生在网格构图基础上，在表情、线条、色彩等方面做了一些改进，然而，他们仍然无法超越他们的老师，这从一个侧面启示我们，这些都不是影响风格的根本。更重要的是，乔托的设计（disegno）还影响了雕塑的发展，因此，有必要再次深入探讨乔托作品的形式与设计。

（一）奇马布埃作品中的网格构图

在奇马布埃的湿壁画《钉在十字架上的基督》中（图1），画面中隐含了对角线构图（图2白色交叉线），基督腹部拉伸的方向产生一个红色箭头标示的视觉力，圣母双手伸向基督，画面右方有一个人物的右手伸向基督（两个蓝色箭头），另一个人物则拽着基督的衣服，他拉扯的方向与十字架圣方济各跪向各各他的方向相同（两个紫红色箭头）。除此，基督身旁两个天使的姿势形成顺时针方向的视觉力（两个绿色箭头，另见图5）。因此，在画面中部，这几个视觉力形成对角线关系和多组视觉张力。

除此，画面中的构图也有多组对角线，包括基督光环中的十字架，画面左方人物的手部姿势，圣方济各手背上的圣痕，各各他底部的骨头（图2，五条红色对角线），以及人物和天使们的身体姿势（多个黄色对角线）。事实上，整幅作品隐含了对角线网格（grid）构图（图3），人物的姿势、动态，以及衣服褶皱都受网格的影响，因此，画面人物双脚站立的姿势不符合"真实"与构图有关。也就是说，不是艺术家不"知道"这样不符合现实，而是网格构图决定了作品样子的呈现，整体作品的秩序感比局部的"真实所见"更重要。

在基本网格构图的基础上，基督的动态（图4黄色S线），光环的绿色对角线，天使们的姿势，人物衣服的高低错落（白色线）与网格并不对应，它们不仅打破了网格规整，还带来了画面上的动感。在图5中，基督身旁天使的手臂姿势，基督肋骨喷出的弧形血流，共同构成了一个隐形的椭圆形。实际上，整张作品以基督橙色椭圆形腹部为中心（图6），在其周围暗含了多个人物姿势、轮廓线、阴影等组合而成的白色虚线椭圆形构图。倘若以基督椭圆形的腹部为中心，这些圆形在画面横向、纵向、对角线方向上辐射（绿色箭头），

图 1
奇马布埃,《钉在十字架上的基督》,
约 1277—1280 年, 湿壁画, 阿西西,
圣方济各教堂上堂

图 2
图 1 的形式分析图 1

图 3
图 1 的形式分析图 2

图 4
图 1 的形式分析图 3

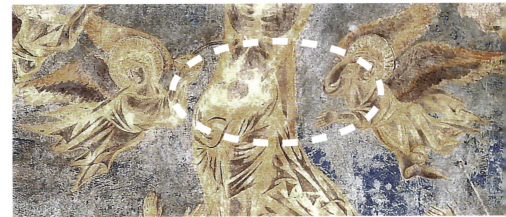

图 5
图 1 局部的形式分析图

图 6
图 1 的形式分析图 4

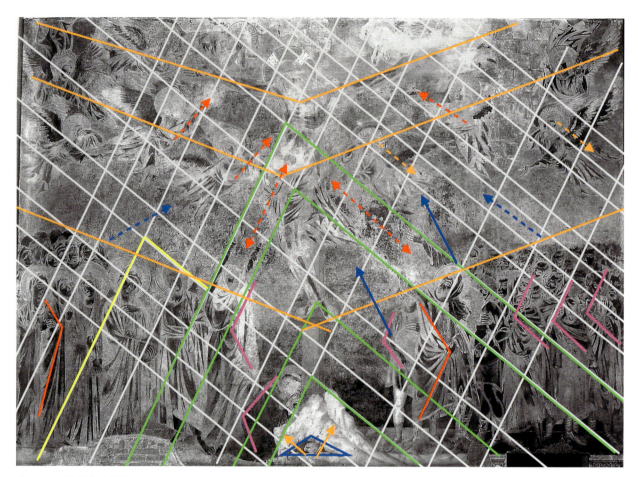

图7 图1的形式分析图5

加强了空间之间的联系，也渲染了主题的悲剧色彩。天使手捧的器皿开口呈椭圆形（三个红色椭圆形），它们组合成蓝色虚线三角形与基督手臂动态构成的三角形呼应，指引人们从画面上方，沿着基督的头部姿势看向画面下方。另外，人物手持的圆形盾牌（图6，三个白色实线椭圆形）与基督、圣徒们头部后方的圆形光环呼应。这些圆形、椭圆形的舒缓感与对角线形成的张力形成鲜明对比。

结合网格来考察整张作品的视觉力关系，在图7中，基督的身躯犹如被拉伸的弓一般向画面左下方拉伸，圣母伸向天空的双臂与前者方向相反（红色双向箭头）。在画面右方，一个圣人手指向基督，一个拖拽他的衣服，此处也形成双向视觉力（红色双向箭头）。这两个红色双向箭头加强了画面中轴线的张力。在画面底部和上方有四个绿色三角形和三个橙色三角形，它们方向相反。在画面左、右两侧，人群的视线投向基督（蓝色虚线箭头），画面右方有两个武器指向基督（蓝色实线箭头），基督身旁的天使动作指向他（三个红色虚线箭头）。

由于画面右下方人群比左方人群多，他们看向基督的视觉力更强，因此，画面右上方两个天使回头的姿势形成两个橙色箭头，与它们相平衡。在画面下方区域，人物的轮廓形成指向画面左方的紫红色三角形，以及指向右方的红色三角形。显然右方的视觉力更大，然而，画面左下方有两个人物组成的黄色三角形，它有抵消部分来自右方视觉力的作用。另外，在十字架底部的各各他中（蓝色三角形），头骨似乎呐喊的表情，两根骨头的指向也形成张力（橙色实线箭头），与基督的表情形成对比，与天使掩面痛哭的表情呼应。因此，这张作品的构图即使有着几何构图，我们也仍然能在几何形式中感受到悲痛的氛围。

（二）乔托作品中的网格构图

这一节将分析乔托三张作品——《创造夏娃》《以撒的献祭》以及《一个普通人的致敬》的网格构图，以及它们与所表现内容的关系。第一张作品表现的内容相对于第二张作品来说，属于静态范畴。在第二张作品，乔托表现了以撒在挥刀过程中突然停顿的瞬间画面，这张作品的网格层次比第一张更丰富。第三张作品属于《圣方济各的传说》系列组画中的一张，该作品也包含了多组网格构图关系，不过，笔者将在本文的第三节中，重点分析乔托如何在网格构图基础上实现叙事。

在乔托的作品《创造夏娃》中（图8），上帝右手和右脚的指向相反（图9蓝色箭头），他的右脚指向和夏娃右手指向相同（绿色箭头）。上帝右手臂和夏娃左手臂姿势形成对角线关系（紫红色粗线条，蓝色和红色箭头），他右脚和亚当右脚指向也形成对角线关系（另一组蓝色和红色箭头）。上帝左手所持物件的方向与他自身的视线、夏娃的视线以及亚当右脚的指向平行（三条紫红色细线）。上帝身躯上有两条深色的平行线，分别是左边手臂和右边小腿的轮廓线（绿色虚线），它们在画面中也有另外两条线条与它们平行。因此，紫红色线和绿色线组合成"米"字形的网格，比奇马布埃作品中的网格有更多层次（对比图3和图9）。

上帝和亚当、夏娃的身体、手和脚的姿势都有呼应和不同之处，以上帝肚脐为中心，他上半身身躯向身后转去，这个姿势和亚当的姿势类同。上帝左膝高于右膝，亚当则相反。上帝和夏娃双手姿势类似，不过，上帝举起的是右手，夏娃举起的是左手，它们形成镜像对称。上帝的左手和夏娃的右手形成对角线关系，不过前者握着东西，后者自然展开。上帝双手都有合拢的手指，他右手伸出的两个手指和亚当右脚的两个脚趾头呼应，亚当左脚脚趾头翘起，另外四个脚趾头靠拢，后者和上帝握住物件的左手手指相似。夏娃双

图 8　乔托，《创造夏娃》，约 1290 年，湿壁画，阿西西，圣方济各教堂上堂

图 9　图 8 的形式分析图 1

图 10　图 8 的形式分析图 2

手手掌舒展，和亚当双手闭合形成对比。上帝和夏娃的视线方向相反（图 9 紫红色虚线），亚当双眼紧闭，这就强调了前两者，呼应了作品的立意"创造夏娃"，主次关系分明。

　　在图 10 中，上帝光环的圆形，他坐着的石头，以及夏娃上半身圆润的身躯有着共同的圆形特征（三个紫红色圆形）。白色花朵有两两对应的关系（蓝色实线圆圈），树冠上的花朵（蓝色虚线圆圈）和白色花朵的轮廓相似，形成正负形对比的关系。夏娃旁边的白色叶子和远处白色花朵在明度上呼应（两个橙色圆圈）。夏娃张开的双手和树干形成的封闭区域，与上帝身后的封闭绿色形状相似。夏娃和亚当相依偎，他们头部、肩膀的蓝色连线与上帝衣领轮廓线相类似。上帝双腿形成的三角形，花枝形成的三角形和亚当小腹的黄色三角形相似。另外，上帝身旁的白色植物和两棵大树形成柔韧和挺拔的对比（红色、白色虚线），它们的高度差关系也相呼应。因此，这些相似的图形不仅加强了横向、纵向和对角线方向上的空间联系，起到指引观看和暗示空间深度的作用，还同步打破了网格构图的规整。

　　在《以撒的献祭》中（图 11），画面中有三组对角线构图（图 12 中数字 1，2，3）：以捆绑以撒的绳索为参考的对角线（白色实线和虚线），画面左方山体黄色斜边和画面右下方炉子的蓝色轮廓线组成的对角线，画面右上角上帝之手的指向和山体右边轮廓线组成的对角线（红色实线和虚线）。从画面中其他与这三组交叉线平行的线条来看，即使是描绘动作和紧张情节的作品，乔托仍然遵循着严格的网格构图。另外，在画面右下方，与捆绑以撒绳索平行的白色虚线向画面下方延伸，且和火炉底座的外轮廓线重合，

图 11 乔托,《以撒的献祭》,约 1290—1300 年,
湿壁画,阿西西,圣方济各教堂上堂

图 12 图 11 的形式分析图 1

图 13 图 11 的形式分析图 2

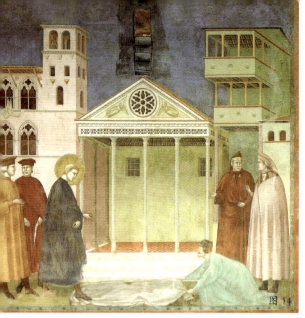

图 14
乔托，《一个普通人的致敬》，圣弗朗切斯卡教堂上堂

图 15—图 16
图 14 的形式分析图

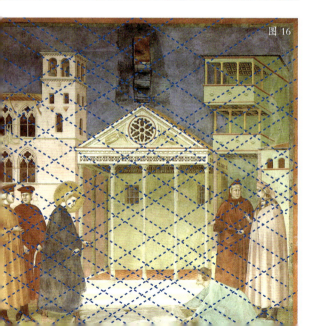

再结合火炉上另外两条外轮廓线（蓝色线条所在位置），就能发现这种网格如何再次影响艺术家真实再现"眼之所见"。

虽然如此，乔托的这张作品中仍然表现了动作中的一瞬间：在图 13 中，画面右边小山坡的绿色轮廓线与以撒衣服的最深的阴影区域差不多重合，另一条对角线是左边小山坡的轮廓线（白色虚线）。亚伯拉罕手持的刀具外轮廓与右上角的光束，围合成红色三角形。他左脚指向炉具的角，右脚指向画面左下角（两个红色箭头），因而，结合他几乎占据整个画面纵向空间的高度，红色三角形以及白色和绿色对角线，整张作品充满张力。亚伯拉罕的头部、腹部和他儿子以撒的头部，都有水滴形状，根据亚伯拉罕的动作，这三个水滴形状能让人联想到动感（紫红色弧形箭头）。

亚伯拉罕头部、右手臂和大刀围合的形状，与其儿子上半身躯干的形状相似（蓝色拱形），另外，炉具中也有拱形形状。前两个拱以对角线为轴，形成 180 度旋转对称，具有动感，后两个拱形则塑造了从二维平面到空间透视的转折，暗示了空间的纵深变化。不仅如此，亚伯拉罕身后淡棕色衣服的褶皱有负空间的三角形（白色圆圈），它们和他白色衣服区域的负空间三角形，以及儿子身上的绳索形成的三角形形状呼应，形成了起伏变化（白色箭头），也暗示了时间的变化。亚伯拉罕身后扬起的衣服有平行四边形的轮廓，它的阴影也是同类图形（蓝色平行四边形），因此，它们体现了空间上的前后变化。

图 17　乔托，《向小鸟布道》（左）及其形式分析图（右），圣弗朗切斯卡教堂上堂

　　画面中的背景也有烘托紧张情节的作用：画面右上角的光束形成强大的视觉力，右上角的弧形与左边山坡轮廓线的弧线相似（两条凹形的橙色弧线），光束和大刀组合而成的红色三角形将这两个橙色弧形相连接。这两条橙色弧线与亚伯拉罕左膝的弧线形成凹凸对比。他左脚踩在炉子上，上帝之手的方向和亚伯拉罕左脚踩在炉子上的方向形成对角线关系，这个张力恰到好处地表现了在千钧一发之际，亚伯拉罕的行动定格的紧张瞬间。

　　刀口的弧线与他发力的左手臂弧线呼应（两条白色弧线），它们形成的直角关系与炉子的直角轮廓呼应（两个深紫色直角），大直角仿佛暗示了动态变化的过程，小直角则彰显了他固若金汤的决心。画面左右两边的小山坡的倾斜角度不一样，右方的小山坡相对笔直矗立，而左方的小山坡弯弯曲曲的外轮廓线有烘托右上角光线视觉力的作用。刀具末端的角和左边山坡上形成的 V 字形角都有暗示神迹力量强大的作用，而且，亚伯拉罕脸部轮廓线的凹陷与它们呼应（三个黄色角）。

另外，画面右方小山坡的外形与以撒身躯的外形相似（绿色轮廓线），他即将被按倒的状态与稳定的小山坡形成对比。以撒旁边木柴的方向和亚伯拉罕双脚的方向相反（四个红色箭头）。炉具底部外轮廓的角和画面左方中间地上的角方向相反（两个紫红色角），它们位于对角线两端，从视觉上加强了地面空间的广度。画面右方山坡上有不起眼的小草，它们和亚伯拉罕胡子末端形状相似，还和炉子中的火苗相似（对比四个黄色圆圈）。小草和炉火组成的三角形与右方小山坡形状相似，它们笔直的姿势都有暗示亚伯拉罕决心的作用，而且，小草与亚伯拉罕的胸部位置差不多处于同一水平线上。

在《一个普通人的致敬》（图14）中，笔者根据建筑的透视，找到四条透视线对作品构图的影响（图15绿色、橙色、白色和紫红色线）。在图15和图16中，笔者分别选用中间建筑结构的线条作为参考绘制网格，可以看到网格对人物和事物位置，人物姿势和动作的影响（图16）。事实上，这组系列画几乎每张作品的构图都有且至少有一个网格的影响，甚至在没有描绘建筑物的作品，如《向小鸟布道》（图17）中，仍然能通过鸟儿的几何造型和动态，发现乔托在这张作品中所运用的网格构图。

（三）乔托师徒作品的构图对比

瓦萨里指出第一时期的雕塑家没有好的范例可供模仿，然而，在绘画领域出现可以模仿的对象——乔托：

绘画在这一时期也没有太好的发展，只是由于当时有更多人热爱绘画和使用它，而且，有更多的工匠在从事绘画，因此绘画比它的两个姐妹（雕塑、建筑）有更明显的进步。我们可以看到，首先打破希腊风格和拜占庭风格的是奇马布埃，然后，在乔托的帮助下，完全消亡，同时，一个新的风格诞生了，我高兴地称之为乔托风格，因为它是由乔托和他的弟子发现的，然后被所有人推崇和模仿。

瓦萨里认为乔托的学生或追索或继承了其作品的特点：

我们在其他艺术家那里看到对自然的模仿，塔代奥·加迪的着色更柔和，更有力量；他改善了皮肤和衣服的色彩，人物的动作更有活力。在锡耶纳的西蒙身上，人们可以看到得体的故事构图；在斯特凡诺·希米亚和他的儿子托马索身上，他们为绘画带来了伟大的实践和设计的完美，在透视的发明、渐隐法和色彩的实践上，保留了乔托的手法。阿雷佐的斯皮内洛、他的儿子帕里、伊亚科波·迪·卡森蒂诺、安东尼奥—维尼齐亚诺、利波和盖拉多·斯塔尼尼以及其他在乔托之后工作的画家，他们在实践和灵巧方面也是

图18 塔代奥·加迪,《圣朱利安》,约1340年,镶板蛋彩画,52.7厘米×35.2厘米,大都会艺术博物馆

图19 乔托,《圣母玛利亚和圣婴》,约1310—1315年,镶板蛋彩画,85.4厘米×61.8厘米,美国国家美术馆

图20、图22 图18局部
图24 图18去色图

图21、图23 图19局部
图25 图19去色图

如此，他们遵循乔托作品的神态、线条、色彩、手法，还做了一些改进，但还不至于把它提升到另一个高度。[1]

　　塔代奥·加迪（Taddeo Gaddi，约 1320—1366）是乔托最有创意的学生之一。根据切尼诺·切尼尼（Cennino Cennini，约 1379—1440）的记载，加迪追随了乔托长达二十四年之久。对比加迪和乔托的人物作品（图 18 和图 19，图 20 和图 21），从眼睛部分的轮廓线来看，显然乔托描绘的轮廓线更完整，如眼珠子部分，而加迪作品中的眼珠子轮廓线不完整，也不完全清晰。在图 22 和图 23 中，人物的鼻子、嘴巴、嘴角、衣服的轮廓线、褶皱等也有类似的差异，而且，加迪作品中衣服颜色的渐变更柔和，乔托作品中的衣服则僵硬得犹如雕塑，衣服褶皱色彩之间的过渡有着清晰的轮廓线。因此，无怪乎瓦萨里认为加迪的作品"着色更柔和，更有力量"，"他改善了皮肤的颜色和衣服的色彩"。然而，从两张作品的去色图来看（图 24、图 25），乔托在衣服色彩上的处理，使得作品更具有立体感，而加迪的作品则较为平面。

　　瓦萨里认为在加迪的作品中，"人物动作更有活力"，倘若对比乔托和加迪同一主题的作品（图 26 和图 27，图 28 和图 29），我们能看到加迪加大了圣弗朗西斯和基督体积大小的对比，似乎想以此暗示两者的空间距离。在乔托的作品中，两者体积的大小则相对均衡。加迪作品中的圣弗朗西斯与他身后的大山融为一体（图 29 黄色三角形），乔托的圣弗朗西斯只有部分身躯与山脉相融（图 28 紫红色三角形）。对比两张画中的山脉走势，乔托作品中山脉的 Z 字形走势比加迪的更富变化（对比图 28 和图 29 白色虚线）。在图 30 中，能看到乔托作品中的两个屋子之间的衔接关系（紫红色、蓝色箭头），这不仅加强了画面左右两侧的联系，而且还和画作上方的基督、下方的组画的构图有关联。黄色虚线指向的山脉阴影（橙色方框）和两个屋子的深色门洞呼应。阴影下方的阴影（蓝色三角形）和右下角鸟儿的形状，与圣方济各袖子的形状相似（白色双向箭头）。甚至两个屋子的红色弧形轮廓，也有互补的形式关系。

　　因此，如果说加迪的作品通过人物体积的大小对比形成张

[1] Vasari. *Le Vite.*, 524–526.

图 26　乔托,《阿西西的圣弗朗西斯获得圣痕》,
约 1295—1300 年, 镶板蛋彩画和镀金, 313 厘
米 ×163 厘米, 卢浮宫

图 28　图 26 局部的形式分析图

图 27　塔代奥·加迪,《圣弗朗西斯的圣痕》, 约
1325—1330 年, 镶板蛋彩画和镀金, 212.1 厘米 ×149.5
厘米, 哈佛艺术博物馆

图 29　图 27 的形式分析图 1

图 30　图 26 的形式分析图 1

图 31　图 26 的形式分析图 2

图 33　图 26 的形式分析图 3

图 32　图 27 的形式分析图 2

图 34　图 27 的形式分析图 3

图 35　图 26 的形式分析图 4　　　　　　　　图 37　图 26 的形式分析图 5

图 36　图 27 的形式分析图 4　　　　　　　　图 38　图 27 的形式分析图 5

图 39　塔代奥·加迪，《哀悼
基督》，约 1335—1340 年，
镶板蛋彩画，
116 厘米 ×76.3 厘米 ×1.8 厘米，
耶鲁大学艺术画廊

图 40—图 42　图 39 的形式分析图

力的话，那么乔托的作品则通过几何图形和几何线条营造了节奏上的变化。不过，师徒
二人的作品都将建筑物中的透视线用作作品的网格构图（图 31 至图 38 中的绿色线条），
因此，从这点来说，加迪还是在乔托的形式法则基础上做改动，并未形成风格上的彻底
变更。对比两人作品中的网格细密程度，乔托作品中的网格几乎都比加迪的紧密。然而，
对比加迪另外一张作品（图 39 和图 40 至图 42），可以发现正是因为加迪作品中的网格
疏密关系的松散，反而让作品看起来有更多空白的区域（图 41 左下角，图 42 右下角）。
网格的疏密关系的改变，使得加迪的作品比乔托的作品看起来更轻松，难怪瓦萨里认为
加迪作品中的"人物动作更有活力"，即更生动活泼，打破了僵硬感。

　　对比乔托其他几位学生的作品，如西莫内·马丁尼（Simone Martini），托马索·迪
斯特凡诺（Tommaso di Stefano），盖拉多·斯塔尼尼（Gherardo Starnina）（图 43 至图
50），也仍然沿袭网格构图。因此，乔托和他的学生、追随者们共同运用的网格和比例
法则，奠定了瓦萨里所说的新风格的诞生——"乔托风格"。从乔托的《阿西西的圣弗
朗西斯获得圣痕》网格图来看（图 31、图 33、图 35 和图 37），画面上方"圣方济各获
得圣痕"的构图和作品底部三张作品的构图相一致。所以，他的作品构思远比加迪的深
邃，无怪乎后者未能超越老师。正如瓦萨里所言"他们遵循乔托作品的神态、线条、色彩、
手法，还有一些改进，但不至于要把它提升到另一个高度"。这也从一个侧面提示我们，
要青出于蓝而胜于蓝，在风格上独树一帜的关键，不在这些细枝末节的改良上。

　　瓦萨里认为，"乔托风格"和粗野的希腊风格相比，有了以下改进：

图 43 西莫内·马丁尼,《圣母领报》,1333 年,镶板蛋彩画,
184 厘米 ×168 厘米,佛罗伦萨乌菲齐美术馆

图 44 图 43 的形式分析图

图 45 托马索·迪斯特凡诺,《哀悼圣雷米米焦》,约 1364 年,
镶板蛋彩画,195 厘米 ×134 厘米,佛罗伦萨乌菲齐美术馆

图 46 图 45 的形式分析图

图 47　盖拉多·斯塔尼尼，《圣母领报》，1404—1407 年，　　图 48　图 47 的形式分析图
45.6 厘米 ×29.1 厘米，斯塔德尔美术馆

　　在这些作品中，人们可以看到环绕人物的侧脸，那些睁得大大的眼睛，笔直而尖锐的脚和锐利的手都被去除，没有阴影和那些希腊风格中的庞然巨物，头部有良好的优雅，敷色也很柔和。特别是乔托对人物姿态做了更好的处理，开始赋予头部一些生动活力，服装褶皱的舒展比以前的更自然，还有部分事物被去掉，对人物做了短缩处理。除此以外，他还开始逐渐认识到恐惧、希望、愤怒和爱的情感，并使以前粗野的风格变得柔和。[2]

　　将瓦萨里前半段话的内容和拜占庭作品相对照（图 51 至图

[2]同上。

图49　盖拉多·斯塔尼尼，《救世主，大天使加百利和圣母领报》，1404—1407年，85.3厘米×105.5厘米×8.7厘米，斯塔德尔美术馆

图50　图49的形式分析图

图51　得罗·卡瓦里尼，《圣母永眠》，1296—1300年，马赛克，罗马，特拉斯提弗列圣玛丽亚教堂

图52　圣抹大拉的大师，《登基圣母子和两位天使》，1280—1290年，镶板画，167.5厘米×98.4厘米，柏林国家博物馆

图53　图52的形式分析图

56），《圣母永眠》（图51）中的人物大眼圆睁，人物动作犹如雕塑般僵硬。在《登基圣母子和两位天使》（图52）中，圣母的左手姿势笔直僵硬。在网格的基本构图基础上，圣母双手的姿势还隐含了五边形的构图（图53）。在图52中，天使和圣母的比例差距很大，事实上，前者和《圣母领报》《在圣西奥多和圣乔治之间的落座的圣母和圣婴》一样（图

54 和图 55），都按照装饰图案的法则进行构图，例如，《圣母领报》中的圣母所在的建筑物空间，根本无法让她"站起来"。因此，艺术家牺牲了"真实"获得的是秩序。所以，画作中的圣母与其他人物、天使相比，俨然是瓦萨里口中所说的"庞然巨物"。

在图 51 中，基督后背有着浓重的阴影，在图 55 中，圣母和圣人头后的光环也有着浓重的阴影，由此可见艺术家想脱离装饰，转向写实的试探。在《君士坦丁大帝和他的大臣们》中（图56），人物的脚部站姿十分奇怪，然而，它们与作品中隐含的网格线相一致（图 57），只有让脚部呈现为"笔直而尖锐"，才能和作品其他部分的形式关系相统一。除此，艺术家还执拗地要将站在后面的人物的脚也表现出来，还有人物之间相互踩脚的奇怪站姿，这些都体现了艺术家对"完整"的追求，尚未脱离古埃及艺术家的观念。

相比而言，在乔托的《最后的审判》中（图 58），环绕基督的天使有着不同的姿势变化，而且，结合整张作品的构图来看，这些天使所拿的乐器、翅膀的指向，都有关联作品不同部分的重要作用。值得注意的是，乔托敢于在没有镀金的作品背景中不画其他事物，这得益于他巧妙的构思，让天使们发挥指示观看的作用，让作品不同区域之间形成关联，因此，他无须再借助线条将它们关联，也就意味着打破装饰图案的束缚，使得画面获得更多负空间，更贴近真实。另外，我们能看到基督衣服的用色更柔和，饱和度降低，基督脖子向一侧扭动的姿势更自然，衣服的舒展也更柔和。

其实乔托的作品仍然受网格的影响，然而，在图 59 中，位于画作中央的人物，乔托只描绘了他伸出来的左脚，另一个人物则只画了右脚（蓝色、绿色方框），他已经摒弃了"完整"的观念。在图 60 中，乔托根据人物头部姿势的变化，做了短缩处理（绿色方框）。对比图 51 和图 60，两张作品表现的主题相同，前者中的人物共用一张脸的"图案特征"尤为明显，而在乔托的作品中，人物脸部表情和姿势的不同，使得性格不同的人流露出不同程度的情感。

《一个普通人的致敬》（图 61）是二十八张《圣方济各的

图 54　《圣母领报》，14 世纪，镀金镶板上的蛋彩画，93 厘米 ×68 厘米，奥赫里德，圣像画廊

图 55　《在圣西奥多和圣乔治之间的落座的圣母和圣婴》，6 世纪或 7 世纪，木板蜡画，68.5 厘米 ×49.7 厘米，埃及西奈山，圣凯瑟琳修道院

图 56　《君士坦丁大帝和他的大臣们》，公元前 6 世纪，马赛克，　　图 57　图 56 的形式分析图
264.2 厘米 ×365.8 厘米 ×12.7 厘米，意大利拉文纳圣维塔教堂

故事》组画中的第一张，它和另外两张作品（图 62）共同位于圣弗朗切斯卡教堂同一面墙上（图 63）。由于这张作品的构图受建筑透视关系和网格的影响（图 15），因此，图 61 中人物手部指示动作的方向与网格线平行，例如，红色虚线箭头和红色虚线平行，蓝色虚线箭头和蓝色虚线平行。左边第一位人物 A 身穿黄色衣服，它和《赠送斗篷》中圣方济各赠给骑士的黄色斗篷，以及《梦见有武器的宫殿》（图 62）中，圣方济各盖着的黄色被子在颜色上相同。可见，乔托不仅展现了他对同一物质材料多样化处理的能力，还借助黄色的布将三张作品相串联，因此，整组故事叙述的"起点"从左边第一位人物 A 开始。

在图 61 中，人物 A 的手臂动作指向他和人物 B 牵手的动作（黄色实线箭头），人物 B 衣服的轮廓（绿色虚线箭头）和黄色实线箭头平行，它们还与人物 C（即圣方济各）的手臂动作平行。因此，这三个平行的箭头形成同方向线条在水平空间上的平移，同类形式的平移暗示了空间的改变和时间性。顺着圣方济各的手，乔托引导人们看向人物 D（红色实线箭头），接着，顺着人物 D 的手臂，看向人物 E 以及他左手指向的建筑 2 的屋顶（两个黑色箭头）。人物 F 指向画面左方的建筑物 2（红色虚线箭头），在该建筑物中的楼层 4 中有两根不起眼的木条（另见图 14），然而，它们也有重要的指示作用（图 61 紫红色、黄色虚线箭头）。黄色虚线箭头指向人物 A，顺着他衣服的褶皱，随着他的手部指向，观者再次看向人物 B。由此，乔托通过人物的动作，营造了人物形式关系之间的闭环，使得他们的形式关系具有封闭性。

其次，人物 B 捏起的米色衣服形成的角，人物 B 右脚指向和人物 C 身后的轮廓线共

图58 乔托,《最后的审判》,1306年,湿壁画,1000厘米×840厘米,帕多瓦斯克罗威尼礼拜堂(竞技场教堂)

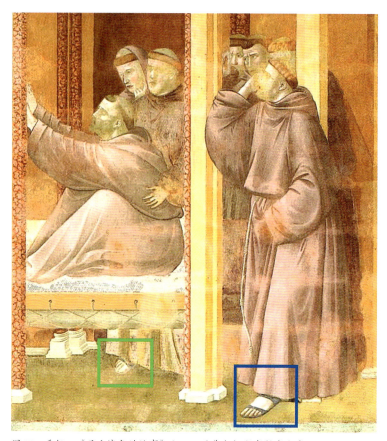

图59　乔托，《圣方济各的故事》之一，圣弗朗切斯卡教堂上堂

同指向地面（黄色虚线箭头）。沿着人物 A 的左脚指向，乔托引导观者看向圣方济各的脚。有意思的是，双脚的距离和建筑物 3 柱子之间的距离相等（白色双向箭头）。结合笔者在画面底部画的三根红色和一根蓝色水平横线来看，圣方济各恰好总共走四步就到达布的末端。在第二步末端（蓝色横线），刚好布料两端有褶皱（紫红色实线箭头），指向建筑物 3 的阶梯，衔接了近景空间和中景空间的关系。

　　观者沿着斗篷看向人物 D，他耷拉的衣袖和衣服褶皱的轮廓线（两个白色箭头）指向人物 E，再次回到前面所提的形式关系闭环中。当然，观者也可以沿着人物 E 衣领的两个三角形或帽子的三角形指向，看向他头上的楼层 1、2。另外，人物 D 伸向画面右下角的脚（黑色弧线）与人物 F 肩膀的黑色弧线呼应。顺着 F 帽子的形状，乔托将 F 和建筑物 3 的屋顶相联系（红色虚线），继而看到人物 A 帽子的尖角（蓝色虚线）。因此，这里也有一个形式关系闭环。

图 60　《埋葬圣母》的形式分析图（乔托，《埋葬圣母》，1310 年，杨木蛋彩画，75 厘米 ×179 厘米，柏林国立博物馆）

　　有意思的是，楼层 2 的纵向深度比楼层 1 大（绿色方框），这里形成的纵深空间的对比，让画面的空间关系更丰富。不仅如此，建筑物 1 和人物 D 衣服的颜色相近，人物 D 的外轮廓和建筑 1 的屋顶近似（橙色角）。人物 E、F 的红色衣服与他们的绿色形成强烈对比，并位于人物 D 和楼层之间，因此，乔托利用相似的形状作呼应，利用色彩做对比，塑造了一个"凹"下去的空间（在去色图中更明显，见图 64）。在画面左方（图 61），从建筑 2 倾斜的屋顶，到悬挂在栏杆上的布（橙色方框），再到人物 A、B，也形成一个"凹"下去的空间变化。另外，楼层 1 的高度比楼层 2 矮，楼层 4 的高度比楼层 3 矮，它们形成对角线上的呼应关系。建筑 2 的局部（橙色方框）与建筑 4 都在画面两侧，它们在对角线上形成高矮对比。

　　如果以圣方济各双脚之间的距离为一个测量单位，他再走三步就能走过这个斗篷。在斗篷中间，褶皱形成的"角"指引观者看向斜对面的凹口（紫红色实线箭头），它们刚好位于第二步的位置上。从建筑 2 中延伸下来的紫红色虚线箭头指向第三步。因此，画面右方两个红色实线之间的衔接处，是圣方济各第二次迈步所踩踏的地方。圣方济各脚踩斗篷的力与人物 D 双手提斗篷的力方向相反，斗篷的褶皱也因此形成疏密关系的变化。另外，在建筑物 2 的区域（橙色方框），栏杆上悬挂的布耷拉的方向（图 65 两个紫红色箭头）不仅和布后方窗格子指示的方向相反，还能指引观者看向垂直空间之下的人物 A 和 B，与人物 A 耷拉的袖子呼应。而且，它还和铺在地上的斗篷相呼应，即将远景、中景和近景空间的事物相关联。

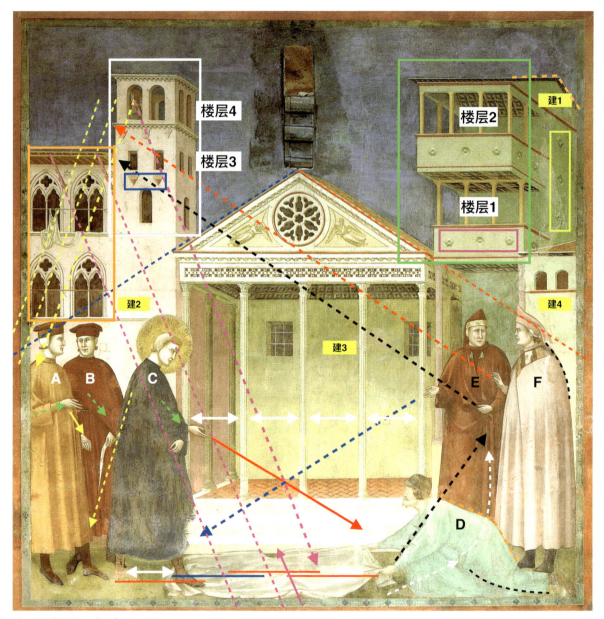

图 61　图 14 的形式分析图

　　这张作品中还隐含了同类形式的呼应：建筑 1 中的六边形（紫红色方框）和四边形（黄色方框）装饰，分别和人物 B、E 帽子的外轮廓造型呼应，建筑 2 中的三角形（蓝色方框）与人物 E 衣领的三角形相呼应，建筑 2 左边窗子的弧线轮廓与人物 F 帽子轮廓相似，人物 A 的帽子外轮廓与建筑 4 的三角形屋顶相近似，圣方济各的圆形光环和建筑 3 的圆形窗格子呼应，圣方济各半圆形的白色帽子和建筑 2、4 的拱形窗子呼应。另外，人物 A、

图 62　从左到右分别为《一个普通人的致敬》《赠送斗篷》和《梦见有武器的宫殿》

图 63　圣弗朗切斯卡教堂上堂墙面

图 64　图 14 去色图

B 相视微笑，手牵手的动作似乎都暗示了对人物 D 行为的认可。而人物 E、F 的表情与前两者相反，人物 E（图 66）脸部肌肉紧绷，双眉紧锁，他们显然对人物 D 行为不理解。他右手的指向和圣方济各右手的指向，在画面中部形成对角线关系和张力（红色实线箭头和蓝色虚线箭头）。简言之，《一个普通人的致敬》看似构图简约，实际上却有着丰富的构思，并借助人物的姿势、眼神、动作构建起对情节的叙述。

图 65　图 14 局部

图 66　图 14 局部

图 67　《无釉赤陶双耳瓶》，约公元前
530 年，无釉赤陶，41.5 厘米高，大都会
艺术博物馆

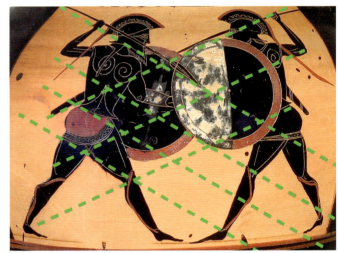

图 68　图 67 局部的形式分析图

因此，无怪乎瓦萨里这样评价乔托的艺术成就："在艺术如
此衰弱的时代，他在叙事方面良好的判断力，对神态的观察，
对自然的模仿，因此，人们还可以看到人物形象遵从他们'应

[3] 同上。

 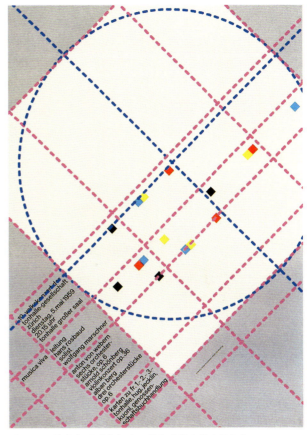

图 69 约瑟夫·米勒-布罗克曼，《音乐万岁》系列海报之一，彩色印刷，1959 年

图 70 网格分析图（紫红色、蓝色虚线由笔者添加）

有的样子'。并且，他已经展示了他有非常好的判断力，尽管不完美。"从瓦萨里的评价中，我们还能发现，"对神态的观察"与再现人物"应有的样子"紧密相关。事实上，乔托的艺术实践还影响了雕塑领域，瓦萨里告诉我们："那时，乔托已经改进了设计，大理石和石头中的人像也得到了改进，如安德烈亚·皮萨诺和他的儿子尼诺……"[3] 换言之，乔托的设计影响了雕塑领域的改进。

　　值得一提的是，"网格"其实从古至今都一直存在于我们的艺术、设计中。例如，在古希腊的陶瓶中（图 67、图 68）。在现今的平面设计、网页设计，以及包括报纸、书籍、杂志等在内的出版业，网格设计也是无处不在。例如，图 69 是瑞士设计师约瑟夫·米勒—布罗克曼（Josef Müller-Brockmann，1914—1996）为苏黎世音乐厅制作的"音乐万岁"系列海报之一，它体现了设计师借助网格（图 70），用视觉形式转译"比例"关系和节奏，而比例属于数学范畴，也与音乐有关。

四、第二时期雕塑艺术风格的发展：
从皮萨诺、吉贝尔蒂到多纳泰罗等人艺术风格的发展

瓦萨里在《名人传》中提到古代雕塑艺术发展进程的四个阶段：卡那库斯的雕塑呆板坚硬，缺乏生动活泼，卡拉米斯的雕塑比卡那库斯的柔和。米隆的雕塑即使还没能成功模仿自然，但是，他的作品具有优雅和理性，可以称得上美丽。最后，在波利克里托斯和其他艺术家的作品中，艺术达到完美（见"导言"图8所示）。他将拜占庭艺术和文艺复兴时期雕塑艺术三个阶段的发展，与古代雕塑艺术四个阶段发展历程相类比。安德烈亚·皮萨诺、洛伦佐·吉贝尔蒂和多纳泰罗的艺术成就分别与古代雕塑艺术后三个发展进程相对应。本文将分析拜占庭雕塑的图案特点，对照瓦萨里的评判标准，考察文艺复兴时期雕塑艺术如何逐步走向完美。

（一）拜占庭艺术家和皮萨诺作品的形式分析

在《圣德梅特里奥斯像》中（图1），作品隐含的网格构图决定事物的形式特征，例如，圣人眉毛的棱角，鼻子外轮廓，嘴角的倾斜角度都和网格有关（图2红色交叉线）。圣人站姿的重力落在左脚和盾牌，他的右肩上扬，而他的右脚和左肩放松下垂（图3蓝色圆圈）。圣人的姿势向画面右下方倾斜（三个红色虚线箭头）。盾牌外轮廓凸起的方向与衣服的外轮廓线一并指向画面左方（蓝色虚线箭头），与红色箭头的视觉力方向相反。

圣人鼻尖、三角形衣领、胸前奋拉的紫红色带子形成三个指示力（黄色、绿色和白色箭头），它们在腰间分为两个方向的视觉力（两个橙色箭头）。圣人右手臂和左手臂之下的曲线大飘带形成紧绷与放松的对比（白色虚线直角和蓝色虚线弧线），他自然下垂的左手手肘外轮廓与放松的右膝盖外轮廓呼应（绿色虚线弧线）。几乎呈一条直线的左脚，也和微微弯曲的右脚姿势形成对比（橙色箭头和白色实线）。

圣人左、右耳下方的头发轮廓（蓝色、白色实线弧线）分别和左手臂下的大飘带弧线（蓝色虚线弧线），胸前小飘带末端褶皱的绿色实弧线呼应，而且，它们还和白色方框中的两条 S 形褶皱线条呼应。除此，圣人胸前的紫红色粗弧线和蓝色直线形成松、紧对比，前者和盾牌提手弧线呼应（紫红色倒 U 形实线弧线），后者与圣人身后的宝剑呼应（蓝色虚线），形成细和粗的对比，它们在空间上还有前后关系的暗示。宝剑上的绿色 S 形带子与圣人胸前四个 S 形带子呼应（绿色方框）。另外，绿色方框中被 S 形截断的带子为平行四边形，它们与圣人手臂、下半身盔甲的图案相似。盾牌上的图案与圣人

图 1　《圣德梅特里奥斯像》，950—1000 年，象牙，
19.7 厘米 ×12.1 厘米 ×1 厘米，大都会艺术博物馆

图 2　图 1 的形式分析图 1

衣服上的图案呼应（三个蓝色方框）。盾牌的外轮廓形状与圣人眼睛形状，衣领形状（黄色角）相似。因此，这些同类图形组合为面，或在不同区域形成呼应关系，有助于让作品的形式关系更具有整体性。

　　虽然，这个雕塑作品的几何特征非常显著，然而，艺术家还是想方设法再现对象的立体感，首先，圣人额头处的刘海由圆形组成，它们的纵向纹理衔接脸部和头部的前后关系。刘海后的圆形中都是横向线条，艺术家将它们相堆叠，再现了雕像头部的立体感。其次，左、右手臂盔甲图案的密度不一样，也形成了右手臂在前，左手臂在后的错觉。在左手臂附近，手臂和飘带在空间上的前后关系，手臂和盾牌提子的空间

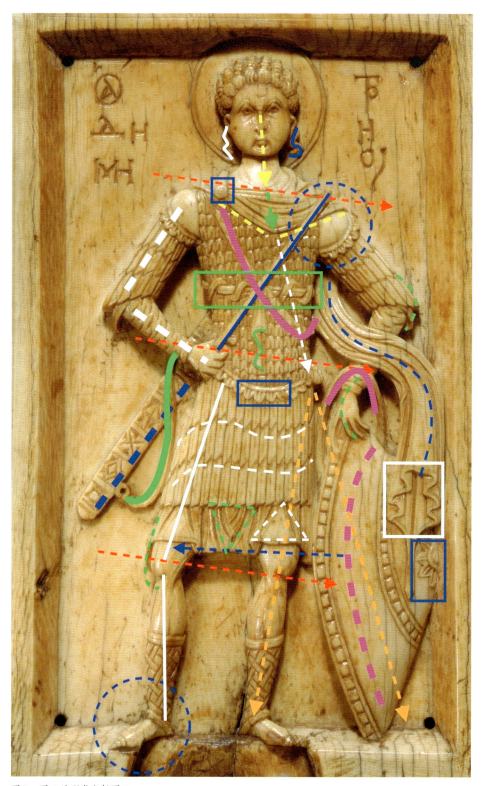

图 3　图 1 的形式分析图 2

关系，都加重了作品右方的视觉重力。再者，上半身盔甲图案
有疏密关系的变化，人物下半身盔甲的白色虚线波浪线的形式
变化暗示了空间的转折，膝盖之上的衣服有着有无褶皱的不同
（对比白色三角形和绿色三角形区域的图案），这些地方都利
用线条和面的关系，暗示雕像的立体感。

在这个作品中，拜占庭艺术家想要沿袭古代"对立平衡"
的站姿，然而，如果对比波利克里托斯的《荷矛者》（《阿尔
贝蒂观念中的形式——几何图形与形式特征》中的图 14），可
知拜占庭艺术家对解剖知识的不了解，尚无法使得作品突破图
案的局限，实现写实和立体感。不过，拜占庭艺术家在网格构
图中所做的"写实"努力，是文艺复兴时期雕塑家在作品中继
续探索的起点。

在安德烈亚·皮萨诺（Andrea Pisano，约 1270—1349）的《先
知》中（图 4），先知头部转向他的右侧（图 5 橙色虚线箭头），
与右脚指向相同。这个头部姿势使得他脖子的肌肉压缩形成张
力（紫红色小圆圈），他整个人的重力落在右脚（紫红色大圆
圈），左脚处于放松状态。与这两种力形成呼应的是先知身躯左右两
侧衣服的轮廓线（蓝色方框），一边轮廓线笔直，另一边则有
丰富的褶皱，形成僵硬和放松的对比。由于他右手手臂举起，
左手握住物件，因此，在胸部区域形成四个紧绷力（绿色圆圈）。
先知双手方向相反（黄色箭头），上提的右手和下垂的左手形
成两个视觉力（红色箭头）。他胸前衣服的紫红色褶皱和他举
起的右手形成对角线关系。他衣领的绿色弧线和衣服褶皱的紫
红色弧线呼应，后者凹下去的造型与物件凸起来的紫色弧线形
成对比。物件指向先知的右肩（白色虚线箭头），与肩膀衣服
轮廓线（白色实线箭头）一并引导观者看向先知转向一侧的头部。
需要强调的是，由于观看雕塑的视角并不唯一，因此，以上形
式分析只是以图片呈现的角度为分析的基础，并不完整。

瓦萨里指出，皮萨诺的艺术进步与乔托的设计有关：

……那时，乔托已经改良了设计，大理石和石头中的人像
也得到了改进，如安德烈亚·皮萨诺和他的儿子尼诺，以及他
其他弟子的作品，都逐步比先前的雕塑有了更大的进步。雕塑

图 4　安德烈亚·皮萨诺，《先知》，约
1334—1341 年，大理石，意大利，大教
堂歌剧博物馆

图 5　图 4 的形式分析图

图 6 《大卫和戈利亚之战的盘子》，银，
49.4 厘米 ×6.6 厘米，5780 克，629—
630 年，大都会艺术博物馆

图 7 图 6 局部

图 8 乔托，《哀悼基督》（局部）

[1] Liana Cheney. *Giorgio Vasari's Prefaces: Art & Theory*[M]. New York: Peter Lang Publishing, Inc., 2012: 165–166.

不再那么僵硬，更灵活，呈现出更为优雅的姿势，在所有方面上都比以前的雕塑更好……这时期雕塑的僵硬形式弱化，衣服的飘动更流畅，某些姿势没有那么僵硬，有些头部逐步有了生气和表情。简言之，艺术已经开始努力往更好的路发展，然而，在各方面仍有大量的失败。在那个时代，设计的艺术仍然没有达到完美，也没有太多好的范例可供艺术家模仿。考虑到所有这些阻碍和困难，我将那时候的艺术家归在第一时期，他们应得到赞美和认可，作品应得到奖赏，因为绝不能忘记他们没能在前人那里获得任何帮助，他们不得不靠自身的努力去寻找方法。更进一步而言，每一个早期阶段，无论它本身多么微不足道，都值得我们高度赞扬。[1]

图 9　安德烈亚·皮萨诺，《埋葬圣约翰》，1330 年，青铜镀金，佛罗伦萨洗礼堂（图中椭圆形由笔者添加）

图 10　安德烈亚·皮萨诺，《基督受洗》，1330 年，青铜镀金，佛罗伦萨洗礼堂

图 11　图 10 的形式分析图

　　对比图 1 和图 4，皮萨诺的先知在姿势上更自然，先知的头部姿势，衣服上不同类型的褶皱，即瓦萨里所说的"某些姿势没有那么僵硬，有些头部逐步有了生气"，这些都让雕塑看起来更柔和，人物更生动。然而，倘若将皮萨诺的作品和后来的雕塑对比来看，先知的形象还缺乏动态上的设计。因此，依据瓦萨里划分艺术时期的标准，拜占庭艺术家作品的特点与卡那库斯呆板、坚硬、缺乏生动活泼的雕塑呼应，皮萨诺的作品特点与卡拉米斯更柔和的雕塑相似，也就不奇怪为何瓦萨里将皮萨诺看作是文艺复兴雕塑艺术第一时期的代表艺术家了。

　　另外，如果对比图 6 大卫和戈利亚打斗的场景（另见图 7）和《埋葬圣约翰》（图 9），可以发现拜占庭艺术家即使描绘一个混乱的场景，也仍然要"清晰"地再现所有事物，没有偶然看到的角度和透视上的短缩，这个艺术观念与古埃及人相似，而皮萨诺已经在乔托那里学会了"省略"。如在乔托的《哀悼基督》中，他没有描绘每个人的脸部表情，即使是穿绿色衣服的人物位于画面中间这样明显的位置（图 8）。然而，正是这种看似不经意的偶然性，让乔托再现的场景更符合真实。在皮萨诺的《埋葬圣约翰》中（图 9），白色椭圆中的人物，他的动作已经被衣服遮挡，表现出偶然看到的样子。事实上，乔托的网格构图也影响了皮萨诺（图 10、图 11）。

（二）德拉奎尔乔和吉贝尔蒂作品的形式分析

　　瓦萨里认为，影响第二时期雕塑艺术发展的艺术家有雅各布·德拉奎尔乔、洛伦

图 12　雅各·德拉奎尔乔，《三十祭坛》，1412—1422 年，大理石，卢卡，圣弗雷迪亚诺

图 13　雅各·德拉奎尔乔，《三十祭坛》局部

图 14　图 13 的形式分析图

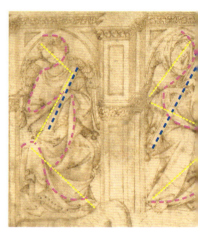

图 15　雅各·德拉奎尔乔，《为锡耶纳"欢乐喷泉"左侧而做的设计片段》，1415—1416 年，素描，20.1 厘米 ×21.4 厘米，大都会艺术博物馆

图 16　图 15 局部的形式分析图 1

图 17　图 15 局部的形式分析图 2

佐·吉贝尔蒂和多纳泰罗等人，在他看来：

第二时期雕塑家采用的方法已经十分有效，他们的制作更自然和优雅，素描更精确，比例更正确，以至于他们的雕塑开始呈现出真人的样子，不再是早期那些死气沉沉的石头形象。以上这些可以通过我们即将要讨论的内容来证明，其中，锡耶纳人雅各布·德拉奎尔乔的作品值得注意，因为它们更有生命力和优雅，有着更正确的设计和更精致的润饰。菲利波·布鲁内莱斯基的作品在肌肉上有更好的改良，作品有着更精确的比

[2]同前，169—170。

图 18　乔托，《圣母玛利亚和圣婴》，约 1310—1315 年，镶板蛋彩画，85.4 厘米 ×61.8 厘米，美国国家美术馆

图 19　杜乔，《圣母玛利亚和圣婴》，约 1290—1300 年，镶板蛋彩画和镀金，28.8 厘米 ×16.5 厘米，大都会艺术博物馆

例和更明智的制作。洛伦佐·吉贝尔蒂的作品制作得更好，他的作品《天堂之门》有着丰富的发明、明智的布局、正确的设计、出色的制作，在这些令人赞叹的作品中，所有这些都非常出色，人像似乎能动，拥有人的灵魂。多纳泰罗也生活在这个时期，然而，对于这位艺术家，我有时无法决定我是否应将他归到第三时期，因为他的作品和古代艺术作品一样好。当然，如果我将他归入到第二时期，我有把握称他为这个时期所有艺术家的榜样和代表。因为分散在其他人作品中的优点都汇集在他的作品中，这些优点可以在大多数艺术家那里找到，使得他的雕塑呈现出生气、动态和写实，这足以使得它们与第三时期相媲美。不仅如此，正如我前面所说的那样，还可以和古代艺术相媲美。[2]

在雅各布·德拉奎尔乔（Jacopo della Quercia，约 1374—1438）的作品中（图 12），虽然艺术家再现的是静态的姿势，他们没有面部表情，也没有肢体上比较明显的

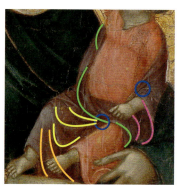

图 20　图 18 局部　　　　图 21　图 19 局部　　　　图 22　图 18 局部的形式分析图　　　　图 23　图 19 局部的形式分析图

动作（图 13），然而，他们衣服的褶皱使得作品看起来兼具动感和优雅。在图 13 中，右边天使脖子领带以下的衣服褶皱，从我们观看图片的角度来看，可以划分为四个部分（图 14 紫红色线），每部分又有褶皱的变化（黄色、绿色和橙色线条）。位于左边的天使，她的右手位于胸口前，将她左边身躯的袍子往右边胸口处掐紧，形成褶皱（红色和紫红色线条）。天使停在腹部的左手将身躯右边的袍子往左边掐住，所以，在她小腹附近形成第二个褶皱隆起（绿色线条），而且，绿色线条关联了胸部和腹部的衣服。因此，双手方向相反的动作，让红色和绿色衣服褶皱形成反方向上的力。

该天使左手下方的黄色褶皱区域，和天使右手下方的橙色褶皱区域形成空间上的前后、左右的呼应。绿色衣服区域延伸到脚部的衣服（蓝色区域）覆盖天使的腿部，和另一件衣服的白色褶皱区域，形成层次上的变化。有意思的是，即使是耷拉在脚上和地上的衣服，此处的褶皱也还有许多起伏变化（紫色不规则波浪线），它们和天使卷发的波浪线呼应。所以，衣服褶皱产生的形式变化，人物看似不经意的微动作，以及没有表情的面容都形成对比，因此，"动态"和"优雅"共存。

在德拉奎尔乔的素描中（图 15），可以看到天使脸部的微笑表情（图 16）中，衣服褶皱形成的 S 形线条，不过天使手拿物件的笔直线条又和 S 形线条形成对比（图 17 紫红色线和蓝色线）。另外，在图 17 中，可以看到人物头发和身后建筑物横向装饰带图案的相似，这些细密的圆线条和用于天使翅膀羽毛的线条，以及用于衣服的线条形成对照，线条的弯曲程度逐渐减弱，而用于衣服的线条又和她们手持物件的笔直线条形成对比。因此，用于描绘天使的线条总共有四种类型。所以，即使是看起来打破几何僵硬的曲线，它们也具有"秩序"，使得作品不会因为有了"更多的动态"而失去"优雅"。

将德拉奎尔乔作品中的衣服褶皱和乔托、杜乔的作品相对比（图 18、图 19），更能看清楚他在褶皱上的改良。在乔托、杜乔的作品中（图 20、图 21），乔托圣母的头巾

图 24 吉贝尔蒂，
《以撒和以扫、
雅各的故事》，
1425—1452 年，铜
镀金，79 厘米 ×79
厘米，佛罗伦萨洗
礼堂

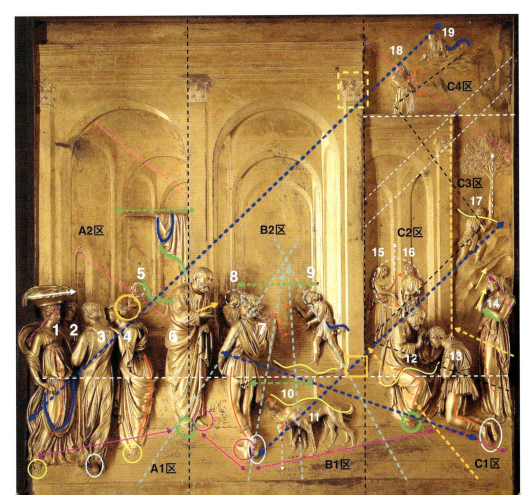

图 25 图 24 的形
式分析图

褶皱线条变化较少，较拘谨，杜乔笔下的圣母，头巾的褶皱和阴影的变化显然有着更多的层次。德拉奎尔乔作品中的褶皱线条较为丰富（图 17），如左边天使的衣领和右边天使的头巾，都有多条圆转的线条相衔接，增加了节奏感。

对比乔托和杜乔描绘的衣服褶皱局部（图 22、图 23），可以发现乔托的圣婴衣服褶皱变化较均匀（图 22 紫红色圆圈），褶皱较密的部分（绿色圆圈）和较宽松的部分变化大体相当。杜乔的圣婴衣服褶皱有着明显的"紧"（蓝色圆圈）与"松"（其他弧线）的变化，两者的比例并不匀称。在"松弛"区域的线条又可以根据相似弧度或形状分为多组线条（绿色、黄色、橙色和紫红色弧线），使得作品中人物的衣服具有更多的光影变化，这也体现在德拉奎尔乔的作品当中（图 12、图 13）。

对比三者作品中的线条，德拉奎尔乔的作品风格与杜乔的更相似。不过，笔者认为德拉奎尔乔的作品中首先隐含了理性的直线构图（图 17 黄色 Z 字形曲线），在这个基础上运用衣服的褶皱（S 形线条）弱化 Z 字形构图的呆板。因而，德拉奎尔乔是在乔托、杜乔这些第一时期艺术家的作品基础上，对线条做了更大胆的变化，丰富了画面的节奏变化。或许正是鉴于此，瓦萨里评价德拉奎尔乔的作品有"更多的设计和钻研"。

洛伦佐·吉贝尔蒂（Lorenzo Ghiberti，约 1378—1455）的《以撒和以扫、雅各的故事》是圣乔万尼的门上作品之一（图 24）。在这张作品中，根据建筑物的外轮廓线，可以将画面分为以下几个区域（图 25）：黑色纵向轴将画面分为 A、B、C 三个纵向区域，以人物 12 坐着的横向建筑物部件为横向轴，该区域下方的空间可以划分为 A1、B1、C1 区。横向建筑物部件后面的区域可以划分为 A2、B2、C2 区，C2 区以外的空间又可以划分为 C3、C4 区。借助地砖的透视线，人物的大小对比与空间的深度变化有关。A1、B1、C1 区的三组人物位于画面中的近景区域，人物 5、8、9、15、16 属于中景区的人物。

在 C 区这个纵向空间上，黑色 Z 字形构图将 C1、C2、C3、C4 四个区域的人物相关联。在画面下方（即近景处），三个区域内的三组人物在画面空间位置上变化，不仅塑造了空间深度的变化，还形成了 Z 字形的空间关系（紫红色双向箭头），与 C 区纵向方向上的 Z 字形构图形成纵横方向上的呼应。而且，紫红色 Z 字形有助于打破地板透视线带来的僵化感。吉贝尔蒂在这八个区域描绘了八个事件，并且没有按照传统的做法，以事件发生的先后顺序，从左到右依次安排它们。

首先，在画面右上角的 C4 区，以撒怀孕的妻子丽百加（数字 18）在上帝那里得知她腹中双胞胎儿子以扫和雅各未来的命运。在画面左方的 A2 区，躺在床榻上的女人是已经分娩了的丽百加，A1 区描绘的可能是以扫的妻子。在 B2 区，吉贝尔蒂描绘了以扫用长子的名分和雅各交换红豆汤的事件。在这个场景的前方的 B1 区，已经瞎了的以撒让他偏爱的大儿子以扫去打猎，继而将猎物煮好了给以撒吃，并打算给以扫祝福。B1 区的事件与 C3 区呼应，C3 区描绘的是以扫上山打猎的场景。在 C2 区，偏爱弟弟雅各的丽百加把以撒将要祝福以扫的事情告诉雅各，在 C1 区，雅各按照丽百加的话，伪装成以扫，获得以撒的祝福。

按照《圣经》文本记载的顺序（但不代表这几个事件发生的先后顺序），B1 区的情节最先发生，C2 区的情节先于 C1 区，C3 区的情节持续时间最长，在 C1、C2 区情节发生期间都还在持续。笔者认为，也可以将 B1 区的情节看作是以扫打猎归来去找以撒的场景，接着，以撒告知以扫在 C1 区已经发生过的事情。

然而，在吉贝尔蒂的作品中，C1 区位于 B1、C2 区的地砖线交点，结合以扫和雅各是一模一样的双胞胎，C1 区的故事可以代表不同的时间状态：B1 区的以撒右手似乎指向 C1 区，此时 C1 区的场景是未发生的事情。在 C2 区，丽百加向雅各述说即将要发生的事情，她右手似乎指向 C1 区。所以，C1 区是以撒和丽百加脑海中即将要发生的事情。接着，雅各按照丽百加所说去做，C1 的事情发生。当以扫打猎归来找以撒（B1 区），C1 区的内容成为过去发生的事情。因此，吉贝尔蒂将出卖长子身份的这个事件放置于透视线的焦点之处（B2 区灰色箭头），既可以将它看作是故事发生的起因，也可以将它看作是故事发生的伏笔，让它具有双重意味。吉贝尔蒂结合透视线和对角线构图（蓝色双向箭头组合的对角线）让作品的叙事具有多义性和统一性。

作品中的人物、动物姿势也有将不同区域事件关联起来的重要作用：人物 15 左手手指垂直指向天空，指向 C4 区的故事（白色虚线箭头），即上帝告诉丽百加两兄弟未来将成为竞争对手，大哥以扫要服侍弟弟雅各。由于《圣经》中没有提及具体的内容，所以，或许可以猜测丽百加是由于上帝的启示而偏爱弟弟雅各，并要帮助他获得以撒的祝福。人物 6 的右手姿势（橙色箭头）的指示也具有不确定性，既可以指向代表雅各的人物 8，又可以指向 C1 或 C3 区。近景处的狗（数字 11）看向观者（白色虚线箭头），形成画内与画外的联系。

整体看这张作品，人物 1 头上的物件体量较大，衣服的褶皱动态也较夸张，因此，可以顺着物件的指示（白色箭头）看向同样处在近景的 B1 区。也可以顺着她发型的轮廓（紫红色虚线箭头）或人物 3 扭动的身姿，看向 A2 区的丽百加，接着看向 C4 区（蓝色双向箭头）。在 C1 区，人物 14 是看着雅各获得祝福的丽百加，她左手的姿势有暗示画面深度的作用（绿色箭头），与她身后大山底部地砖的透视线呼应（橙色箭头）。她举起的右手和山脉方向相同（黄色箭头），引导人们看向正在上山的以扫（人物 17），这也暗示了 C1 区事件发生的前提是 C3 中的以扫离开。人物 1 的位置与人物 14 在水平线上差不多相对，如果不把 B1 区看作是以扫打猎归来的场景，故事终结于 C1 区，那么，人物 1 和人物 14 分别代表了故事的开头和结束，与她们在画面横向空间上的位置呼应。

在 B1 区的两条猎狗，一条狗的毛发浓密而有着波浪卷的纹理（数字 11），另一条狗则皮毛光滑（数字 10）。根据《圣经》的记载，以扫和雅各这两兄弟不仅性格不同，而且外貌特征也不同，以扫浑身毛发厚重，仿佛穿了皮草大衣，而雅各皮肤光滑。所以，这两条狗似乎是两兄弟的隐喻，B1区的事件似乎也可以因此一语双关：长得一模一样的两兄弟都来找过以撒。人物6和7之间的人物8是雅各，所以，吉贝尔蒂通过将人物7、8侧脸相对的并峙，暗示故事中两人在争夺长子名分上的针锋相对。

这张作品中包含了相似形式的呼应关系：首先，位于画面中央的两条猎狗，它们分别抬头和低头的姿势（红色虚线箭头）和人物9、人物15的手部姿势相似，它们各自组成的红色角，还和人物18的手部姿势和挺着的大肚子轮廓线组成的角类似。而且，这四个红色角还形成空间上的前、后关系（B1、B2）、高、低关系（C2、C4）的呼应。其次，猎狗外轮廓和B2区地上的弓，人物12衣服的波浪线褶皱，都有着相似的轮廓，人物17的弓弧度相对弱一些（四条黄色波浪线）。前景人物位置的轮廓线（由紫红色双向箭头组成）与黄色波浪线方向相反，形成镜像关系。在画面左边，人物1衣服的U形轮廓和A2区的布帘褶皱轮廓呼应（蓝色U形），方向与门拱相反。人物5的外轮廓和布帘的轮廓相似（绿色曲线），它们以对角线为轴，形成镜像对称。在画面中央的人物9，他衣服飘带的弧线和画面右上角的人物19外轮廓弧线相似（蓝色弧线）。

再者，建筑物的科林斯式柱头（黄色方框）和C3区树冠在图案上有相似性，它们不仅形成呼应关系，还使得画面上方的横向空间更具有连贯性，即从A2区到B2、C2、C3区。另外，画面白色横轴线之下的两个长方体（人物12坐在长方体上，人物6贴近另一个长方体），它们与人物8和9中间隔空的空间关系（绿色双向箭头）呼应，而A2区的横杠（另一个绿色双向箭头）将柱子相衔接，它和前两者形成的正形和负形的对比。以上这些相似的形式形成空间上的呼应，让画面中的形式关系更具有连贯性，也暗示了空间的变化，能更好地引导观者观看。

除此，这张作品中还包含了多组对称呼应的形式关系：在画面左方，人物1和人物4的侧脸形成镜像对称关系，人物2四分之三的脸部和人物3四分之一的脸形成互补。人物4和人物7，人物1和人物14的躯干外轮廓（红色实线、虚线弧线）分别形成镜像对称关系。在B2区的桌子，它的外轮廓与人物13跪着的腿部轮廓形成180°旋转对称的关系，与人物12坐着的腿部轮廓类同。人物6、7和人物12、13呼应，但是受姿势的影响，前者比后者大三分之一左右，通过高度差也塑造了空间关系的变化。

在画面右方，人物14和人物18的视线形成俯视和仰视的对比，人物15左手手指指向天空的方向和狗（数字11）头部指向的方向相反（白色虚线箭头）。人物16和人物17的躯干形成正面和背面的对比。人物8和人物9，人物14和人物15的头部分别形成镜像对称。另外，在作品下方，人物3踮起的右脚和人物7踮起的脚呼应，它们还和人物13两个同时踮起的脚呼应（白色椭圆形）。人物1和人物4的脚，人物6和人物7的脚，分别形成镜像对称（黄色、紫红色圆圈），人物6和人物12的右脚（绿色圆圈），形成相似形状的平移关系。

　　不过，对作品构图起着更重要影响的是建筑物中的透视线，衔接 A1 区和 C4 区，B1 区和 C3 区的两条蓝色双向虚线箭头不仅将故事串联起来，它们还与 C 区白色倾斜的透视线平行。地砖的透视线也将近景和中景的事件相关联（即 A1、A2 区，B1、B2 区，C1、C2 区）。在 A2 区，紫红色的透视线还影响了人物 5 的姿势，将人物 5 和前景中的人物 6 相衔接。值得注意的是，人物 4 的头发和人物 5 的手肘紧密联系（橙色圆圈），人物 7 和人物 8 的脸部轮廓贴合在一起，人物 9 脚跟后的柱子底部和橙色长方体紧密相连，人物 15 和人物 16 都指向前景中的人物 12（红色和黑色虚线箭头），体现了佛罗伦萨画派艺术作品中的图案特点和"封闭性"。另外，人物 1、2 和人物 3、4 之间的空隙，能让人联想到人物 5 投来的视线。人物 14 侧身站立的姿势，在人物 13、人物 14 之间留下的空隙，也能让观者沿着地上的透视线（橙色箭头），更好地看向后面的 C2、C3 区。

　　瓦萨里认为吉贝尔蒂则的作品《天堂之门》"有着丰富的发明、明智的布局、正确的设计、出色的制作……人像似乎能动，拥有人的灵魂"。发明（invenzione）的概念与修辞学的原则有关，指的是"对真实的或者似乎是真实的主题的构思，使人们信以为真"[3]，结合以上对吉贝尔蒂作品构图的分析，可以看到他如何将不同时间发生的事件安排在画面中的不同区域，并巧妙地设计为具有多义性、连贯性的叙事。吉贝尔蒂的作品有不同类型线条和图形的组合关系，同类形式的呼应关系或对比关系，让画面有着丰富的形式变化和多样性，给观者带来了更多的愉悦感。因此，与皮萨诺、德拉奎尔乔等雕塑家相比，吉贝尔蒂进一步推进了雕塑艺术的发展。

（三）多纳泰罗作品的形式分析

　　瓦萨里认为多纳泰罗（Donatello，约 1386—1466）的作品是"优点"的集大成者，倘若结合亚里士多德的殊相和共相统一的观念，原本分散在其他艺术家作品中的优点，都在多纳泰多的作品中得到体现。换言之，多纳泰罗的作品应有卡纳库斯

---

[3] Cicero. *Rhetorica ad Herennium*.1.2.3.

图 26　多纳泰罗，《希律王的宴会》，约 1439 年，大理石，44 厘米 ×65 厘米，里尔美术博物馆

缺乏的生动活泼，有卡拉米斯作品的柔和，有米隆作品的柔和、理性和美丽，还有米隆尚未做到的模仿自然。波利克里托斯的作品体现了古代雕塑艺术的完美，因此，瓦萨里相当于将多纳泰罗比作波利克里托斯，他们的作品都成为其他艺术家学习的典范。

回顾文艺复兴时期雕塑艺术的进程，瓦萨里认为早期雕塑家皮萨诺等人的作品让雕塑"扭动"更多，指雕塑有更好的姿势，而且，雕像有了更漂亮的褶皱、神态，开始运用短缩法表现偶然看到的样子。作为第二时期雕塑家的代表，德拉奎尔乔的作品有更多动态、优雅和设计，菲利波的作品体现了解剖学知识的运用，比例更恰当，吉贝尔蒂在发明、样式、手法和设计上都有长足的改进，不过，吉贝尔蒂作品中的人物还只是"似乎会动"。瓦萨里认为只有多纳泰罗才做得到，让雕塑"呈现出生气、动态和写实"，换言之，多纳泰罗在前人成就的基础上，还让人物栩栩如生，已经能"动起来"。另外，瓦萨里认为，多纳泰罗的作品可以和现代、古代作品相媲美，也就是说，在瓦萨里的时代，文艺复兴时期的"现代"艺术家已经与古代艺术家的水平持平，在雕塑领域以多纳泰罗为代表。

在《希律王的宴会》中（图 26），多纳泰罗主要描绘了三个事件——莎乐美跳舞，

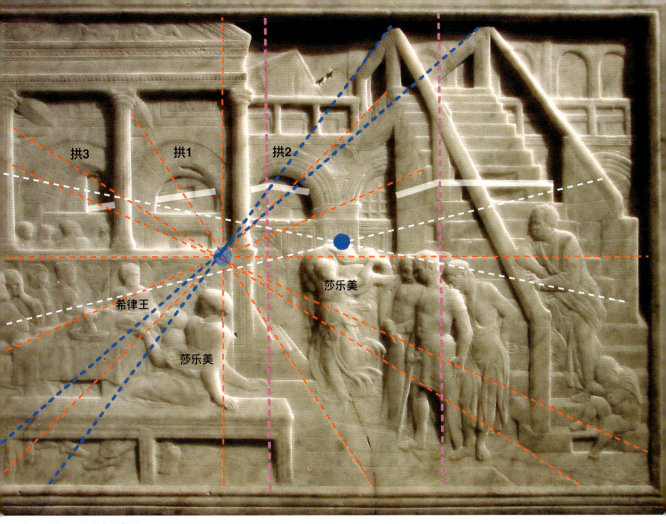

图 27 图 26 的形式分析图 1

割下圣约翰头颅的士兵，圣约翰的头颅被捧到希律王的餐桌上。多纳泰罗结合透视线，将画面分为不同区域，并将这三个事件以及旁观者们划分在不同区域（分别位于图 28 或图 29 的 A、B、C 区，旁观者分为三组 D1、D2 和 D3 组）。首先，在图 27 中，地板和左边建筑物顶部结构的红色透视线和楼梯栅栏的蓝色透视线，都汇聚在画面左方的蓝色透明点上。楼梯另一面墙的白色透视线交点聚焦在跳舞的莎乐美手上（另一个蓝色透明点）。因此，这张作品有两个消失点和视角。巧妙的是，希律王和跳舞的莎乐美处于同一水平面，他望向跳舞的莎乐美，将 A、C 两个空间中的事件相串联，A 区发生的事件先于 C 区。B 区的士兵们位于 A、C 画面空间中的三角形顶点处（图 28 红色角），它们衔接前两个事件，即在莎乐美跳舞后，希律王按照约定的誓言，答应莎乐美的请求，让士兵砍下圣约翰的头颅，士兵看着侍从将头颅递到桌前。

在图 27 中，在拱门 2 中能看到一个正方体建筑物的纵向棱边，它和楼梯的一个棱边呼应（两条紫红色纵线），所以，以拱门 1、2、3 所在的墙为分界，拱门内的建筑立方体和拱门外的楼梯呼应（白色实线连线）。结合图 28 中 D3 区旁观者向画面左方看去的姿势，形成从图 27 右边紫红色纵向轴线向画面左方的视觉力。因此，拱门 2 内的建筑

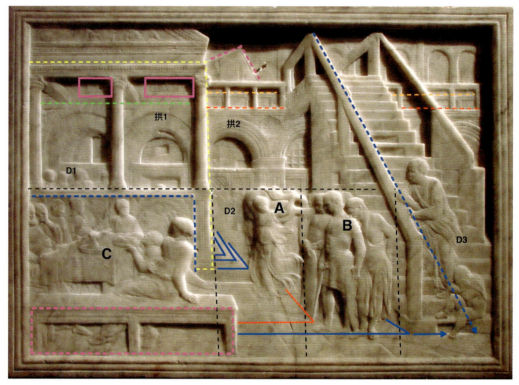

图 28　图 26 的形式分析图 2

立方体能让楼梯结构在画面中不至于和画面左方的平面形式产生不和谐感。在图 28 中，可以看到左边画面有紫红色实线、虚线方框，蓝色、黄色和绿色虚线所示立面，这四个立面丰富了画面左边纵向空间的层次。

　　另外，绿色虚线所示的立面和红色虚线所示的立面不在同一高度上，它们也形成前后的空间距离。黄色虚线的立面在绿色立面之前，红色立面在橙色立面之前，在橙色立面后还有一个紫红色三角形立面，由此，多纳泰罗进一步塑造了画面左边空间的深度和变化。这种深度上的层次变化和多样性变化，与画面右方楼梯阶梯有序的渐变变化形成对比。另外，画面中间的三个阶梯（图 28D2 区人群附近的蓝色角）和地砖上的红色、蓝色角呼应，它们和斜梯栏杆（蓝色实线、虚线箭头）一并指向 D3 区的小孩，换言之，艺术家利用透视关系，关联了 D1、D2、D3 区的旁观群众。顺带一提的是，在画面左方的上、下区域，紫红色实线、虚线方框中都描绘了人物的脚，形成了近景和远景，地上和高空中的呼应。

　　在图 29 中，紫红色、蓝色、白色虚线和黄色实线都是地板地砖上的线条，结合紫

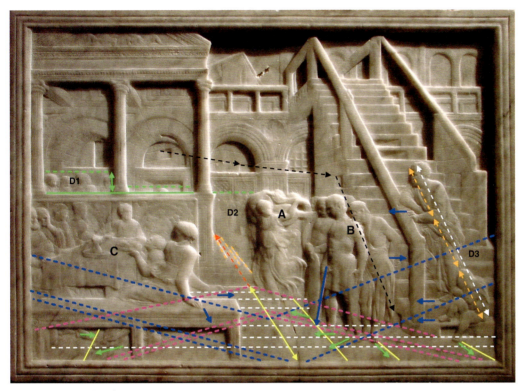

图 29　图 26 的形式分析图 3

红色和蓝色虚线来看，画面中央的透视线（黄色双向箭头和红色箭头）不仅有暗示空间深度的作用，还能将 C 区和 A、B 区分开，并联系画面和观者的关系，让观者更有身临其境的现场感。其次，人物脚的方向（绿色箭头）和透视线有着紧密关系，虽然，这些构图的线条仍然源自建筑物，和奇马布埃、乔托等人的做法一样。不同的是，这些线条与透视有关，而且，多纳泰罗在解剖知识上的熟稔，使得他能更得心应手地表现脚短缩的样子，因此，他的作品中的人物站姿与前人的相比，已经在写实程度上有了很大的飞跃（对比《君士坦丁大帝和他的大臣们》，奇马布埃、乔托等人作品中人物脚的站姿与网格的关系）。另外，人物的手部姿势，剑所指的位置都和作品中的透视线有关（图29 蓝色箭头），因此，整张作品在生动中又不乏秩序的束缚。

　　在图 29 中，从 D1 区到 D2 区，群众的高度有着逐渐降低的趋势（三条绿色虚线），与 D2 区附近阶梯的透视线渐变呼应（三条橙色虚线）。另外，画面左边两条绿色横向虚线的高度比大约是 3:1，和画面右方 D3 区人物倾斜长度比相似（橙色和白色双向箭头）。拱门中的方形凹陷在画面中也有重要的指示作用（三个黑色虚线箭头），顺着它们观看，

图 30　图 26 的形式分析图 4

恰好与 A、B 区人物的外轮廓呼应，右方的黑色虚线箭头还与斜梯的栏杆形成透视关系。

　　在图 30 中，楼梯栏杆底部的连线（紫红色 Z 字形）还和 D3 区人物的姿势呼应（黑色 Z 字形），加强了这一区域的动感。除此，这张作品还有人物姿势轮廓线和同类图形的呼应，如 D3 区人物衣服褶皱的绿色轮廓线与跳舞莎乐美衣服的轮廓线呼应。士兵的椭圆形盾牌（橙色椭圆形）与一个士兵衣服的椭圆形镂空处呼应（蓝色椭圆形），形成正负形的对比。希律王向右看的姿势和画面顶部建筑物的朝向呼应（绿色虚线三角形和绿色箭头），后者引导我们看向同一水平面上的楼梯顶部（绿色实线三角形）。

　　然而，这张作品最精彩的地方是对人物情感的表达。在图 30 的 A 区中，莎乐美手捧的织物（蓝色轮廓线），和 C 区莎乐美扭动的身躯轮廓线呼应。前者轻松，后者紧绷，形成鲜明对比。A 区莎乐美踮起的脚，使得她整个外轮廓呈现为黄色倒三角形，具有轻快感。而在 C 区，莎乐美的姿势形成的白色三角形底边倾斜，形成不稳定感。两个莎乐美的衣服分别指向画面左、右两侧（红色箭头），加强了画面中央的视觉张力。同时，她们姿势产生的力则方向相对，这又加强了画面中央的视觉力，与 C 区莎乐美无处安放的左手形成对比。另外，她们踮起的脚（绿色方框）虽然姿势相同，但是脚的朝向不同，暗示了莎乐美不同的情绪。C 区莎乐美另一只脚和参加宴会者的脚方向相反（紫红色方框），形成的对角线关系暗示了两人的惊恐。

惊恐的莎乐美双手姿势也是值得强调的地方，她的右手压在座椅上，另一只悬空的手不知所措。她们的紫红色、黑色轮廓线与跳舞莎乐美飘逸的衣服褶皱（紫红色、绿色弧线）形成对比。C 区莎乐美双手之间的椭圆形负空间，和捧着头颅的侍者双手端着的椭圆形盘子呼应（红色椭圆形）。餐桌上还有一个装着水壶的盘子（紫红色和绿色椭圆形），水壶口指向画面左方捂脸的嘉宾（紫红色箭头）。她和莎乐美一样惊恐（两个橙色圆圈），所以，水壶衔接了表情最为惊恐的两个人，她们产生了一组视觉张力（橙色箭头）。

在 B 区中，持剑站立士兵的外轮廓是一个稳定的红色三角形，他和左右两边的盾牌，加强了画面此处的视觉重力，与黄色三角形向上的视觉力形成互补。两个掩面悲伤的人物（黄色圆圈）形成向画面左方的视觉力，它们和大体量的阶梯一并，加固了红色三角形的视觉重力。另外，楼梯顶部的三角形形成向上的视觉力（两个蓝色箭头），它们既加强跳舞莎乐美（黄色三角形）形成的视觉力，也与人物（黄色圆圈）因悲痛产生的向下视觉力反向相反，使得画面弥漫着双重情绪，将故事要表达的主题进一步升华。由此，我们更能理解，何以瓦萨里认为多纳泰罗"使他的人物动起来，赋予他们某种活力和迅捷"。他不仅将透视关系、解剖知识、衣服褶皱运用得熟练轻巧，还让观者感受到画中人物的情绪，仿佛看到画中的故事正在发生。他既运用了艺术法则，但又不被法则桎梏束缚。

图1　盖拉多·斯塔尼尼，《圣母子》，约1400年，木板油画和镀金，23.7厘米×41.4厘米，克利夫兰艺术博物馆

图2　安德烈亚·韦罗基奥，《圣母与坐着的圣婴》，约1470年，镶板蛋彩画，75.8厘米×54.6厘米，柏林国立博物馆

[1] *Le Vite*., 521–522.

五、第二时期绘画艺术风格的发展：从韦罗基奥、波提切利等人到马萨乔艺术风格的发展

瓦萨里也将文艺复兴时期的绘画艺术发展进程与古代艺术相类比。古代绘画艺术有如下三个阶段的发展：首先，画家使用单色作画，接着，宙克西斯、波吕格诺图、提曼塞斯只用四种颜色、线条、轮廓线和形状作画。最后，厄里翁、尼各马可、普洛托格涅斯和阿佩莱斯的作品已经在所有方面达到完美，是最美的，已经无法想象还有再进步的余地了。他们画的形状和身体动作不仅是最卓越的，而且，还画出了心灵的情感和热情（"导言"图9）。[1]瓦萨里将韦罗基奥、安东尼娅·波莱奥洛、波提切利、彼得罗·弗朗切斯卡、彼得罗·佩鲁吉诺、马萨乔等人的艺术风格归为第二时期的绘画风格，相当于古代"只用四种颜色、线条、轮廓线和形状作画"，还没能画出"心灵的情感和热情"阶段。

（一）韦罗基奥和波莱奥洛作品的形式分析

对比乔托追随者盖拉多·斯塔尼尼（Gherardo Starnina，约1360—1413）和安德烈亚·韦罗基奥（Andrea Verrocchio，1435—1488）的作品（图1、图2），韦罗基奥作品中的圣母和圣子头部都呈立体的圆球形，头部有明显的高光、亮部、明暗交界线、反光和阴影，他们头后的光环已经变成圆形碟子（图4、图6）。在斯塔尼尼作品中的圣母子（图3、图5），人物脸部主要由肉色和脸颊的红色组成，点缀以高光，他们头后的光环以图案的形式呈现，与镀金背景融为一体。圣母头部的装饰加强了头部的立体感。然而，在图4、图6中，圣母子的脸部肌肉体现了韦罗基奥在解剖学知识上的钻研与运用。对比两位圣子的头发（图5、图6），韦罗基奥笔下的圣子头发层次更多，光影变化更明显。在图4中，圣母透明的头巾也受光的影响，有光影和色彩的变化，还能若隐若现地看到耳朵轮廓。然而，对比两位圣母

图 3

图 4

图 5

图 6

图 7
图 3、图 5、图 7　图 1 局部

图 8
图 4、图 6、图 8　图 2 局部

图 9　安德烈亚·韦罗基奥，《基督受洗》，约 1475 年，镶板油画，177 厘米 ×151 厘米，乌菲齐美术馆

图 10　图 9 局部

图 11　图 9 的形式分析图 1

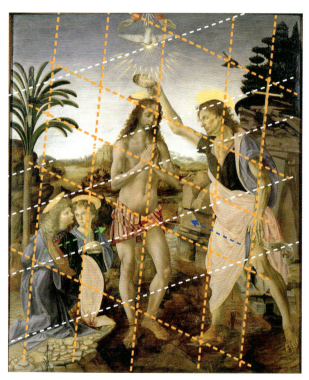

图 12　图 9 的形式分析图 2

图 13　图 9 的形式分析图 3

的手部（图7、图8），她们的手指姿势还有几何图形的痕迹，仍然未能实现贴近自然的写实。

在安德烈亚·韦罗基奥的作品《基督受洗》中（图9），可以看到人物比例和解剖细节上的改进（图10），不过，这张作品顶部圣灵和光线的几何形状仍然影响了整张作品的网格构图（图11、图12），使得作品看起来生硬不自然。图12的网格能让观者分别从画面左方、右方看向画中央的基督（绿色、蓝色箭头）。另外，人物之间还存在对称构图，基督和圣约翰分别是从左侧和右侧看到的样子，基督肢体闭合的姿势与圣约翰打开的肢体姿势形成对比，他们的眼神方向相反。两位天使的姿势分别是跪姿的正面和背面，她们仰视的视线与网格一致，形成对角线关系。她们的脸部视角与基督、圣约翰形成镜像对称。

在色彩的使用上，画面主要由红、黄、蓝、绿构成，色彩的使用属于在轮廓内填色的装饰性用色，艺术家利用同色相的不同明度塑造立体感。在图13中，天使身上红色衣物暗示的三角形与基督左腿姿势呼应，它们还和圣约翰红色衣服的形状、左手臂轮廓形状呼应，这四个绿色三角形有加强指引观者看向画面右方的作用。当观者看向圣约翰左手臂后方的岩石，岩石的轮廓走向和圣约翰右手抬起的方向一致（红色箭头）。而且，圣约翰右手臂及右手捏住的器皿形成的空间与岩石的相似（黄色角），但岩石朝向观者的方向。另外，基督手部姿势还和他身后风景中的山峰的三角形特征呼应（紫红色三角形和紫红色方框中的山峰）。从画面顶部发出来的光，它的轮廓（蓝色三角形）和画面左方植物树冠的造型相似（红色三角形），方向相反。另外，光线从圣父到圣灵的递进式变化，还和植物中的两个三角形部分在空间中的递进变化形成呼应（白色长方形），而且后者还和光线中的三角形光束形状相似。

在《圣母子和两位天使》中（图14），画面上、中、下方都有着三角形波浪线构图（图15紫红色线），画面右上方的山脉黄色轮廓线与作品左右角的帘子轮廓方向相反。画面左方淡蓝色的山脉指向圣母（橙色箭头），圣母双手合围起来的形状，和她左方的小山（紫红色三角形）造型相似，因此，艺术家引导观者在看画面上半部分的时候，从左方远处看向中间的圣母，结合

图14　安德烈亚·韦罗基奥和助手，《圣母子和两位天使》，约1470—1474年，97厘米×71厘米，镶板蛋彩画，英国国家美术馆

图 15　图 14 的形式分析图

她低头的姿势，看向双手，再从中间看向画面右方和远处的小山。换言之，韦罗基奥不仅塑造了空间深度起伏变化，也加强了圣母形象的立体感。画面下方还有两个三角形波浪线路径，当然，也可以顺着画面左方天使和圣婴的眼神看向圣母。简言之，这张作品即使人物在比例、光影、肌肉的描绘上都比第一时期艺术家的作品真实，然而，它仍然具有几何特征，僵硬而不灵活。韦罗基奥的《一匹马面向左侧的测量图》（图 16）是文艺复兴时期"理想比例"（ideal proportions）观念在艺术作品中的体现，这一观念可以追溯到维特鲁威的艺术观念中。由此，也体现了韦罗基奥对精确性、客观比例的追求，这些都属于线性特征风格的范畴。

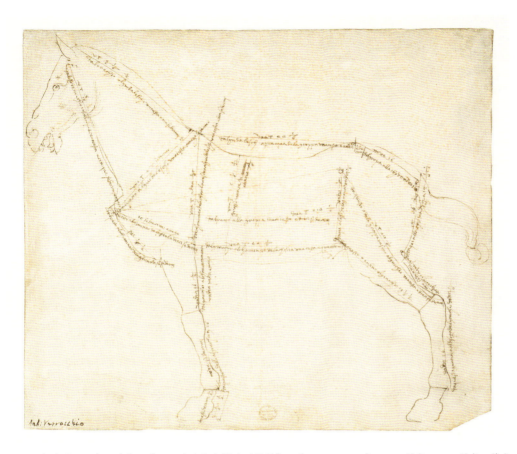

图 16　安德烈亚·韦罗基奥，《一匹马面向左侧的测量图》，约 1480—1488 年，24.9 厘米 ×29.7 厘米，蘸水笔和深棕色墨水覆盖在黑垩痕迹上，大都会艺术博物馆

　　在安东尼娅·德尔·波莱奥洛（Antonio del Pollaiuolo，约 1432—1498）的《弗朗切斯科·斯福尔扎骑马纪念碑的研究》中（图 17），画面左下角躺在地上的人物扭转的躯干和画面中央僵硬的人物骑马轮廓形成鲜明对比。这张作品仍然受网格影响（图 18 红色、紫红色对角线），而且，从长度分别一致的绿色、白色双向箭头来看，它有着精确的数学比例，而非运用技术比例再现真实的人体。画面左下角的人物惊恐的表情、扭成 S 形的躯干姿势（绿色 S 形虚线）、肢体动作（湖蓝色线）分别和马的表情、动作呼应，勒住马腿和他身躯的带子（白色虚线）和他们的表情一并形成张力。

　　然而，在马匹这个双足扬起的姿势中，骑马的人却僵直坐着（蓝色虚线呈直角相交），马匹身上的配件也同样僵直（蓝色箭头）。艺术家描绘的都是人物、事物客观的样子和姿势，与马匹惊慌的状态并不和谐。倘若按照阿尔贝蒂的评价标准，这俨然属于"不得体"的范畴。正如他在《论绘画》中提到，如果描绘有半人半马怪物参加的喧嚣晚宴，

图 17　安东尼娅·德尔·波莱奥洛，《弗朗切斯科·斯福尔扎骑马纪念碑的研究》，15 世纪 80 年代早期到中期，素描，28.1 厘米 ×25.4 厘米，大都会艺术博物馆

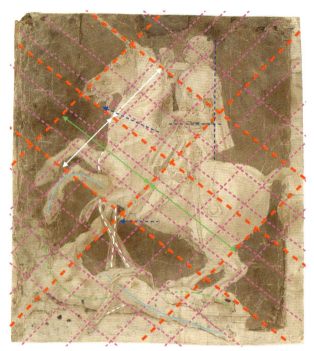

图 18　图 17 的形式分析图

有一个人不喝酒，躺在那里睡觉，那这个作品就是荒谬可笑的。[2]

　　波莱奥洛的《裸体男子的战斗》（图 19）体现了艺术家对人体肌肉和动作的研究，在图 20 中，人物 G、人物 J 都是人体俯身姿势，不同的是，艺术家分别从人物俯视和仰视的角度再现这个姿势。人物 H、人物 K 是人体躺着的姿势，前者处于紧绷状态，后者相对舒缓。人物 D 和人物 F，人物 C 和人物 E 也是同一姿势的不同角度表现。所以，整张作品看下来，仿佛是人体不同姿势的"研究"汇集和组合。其次，画面中的人物有着明显的图案特征，人物 A、人物 B 的姿势对称，波莱奥洛不仅描绘了同一姿势正、反面的样子，而且，他们手持的绳子也形成了对称（黄色 S 形曲线）。人物 C、人物 E 的手臂拉伸姿势相似（绿色实线），他们的脚部姿势形成镜像对称（红色实线）。人物 D、人物 F 的姿势也形成对称。另外，画面左上角和右下角的橙色角和黄色弧线分别形成对称关系，只是大小不同。人物 G 和人物 H，人物 J 和人物 K 的身体动作形成的几何形图案相似（蓝色多边形）。

[2] Grayson 译本，77.

图 19　安东尼娅·德尔·波莱奥洛，《裸体男子的战斗》，约 1470—1490 年，雕版印刷，38.4 厘米 ×58.9 厘米，大都会艺术博物馆

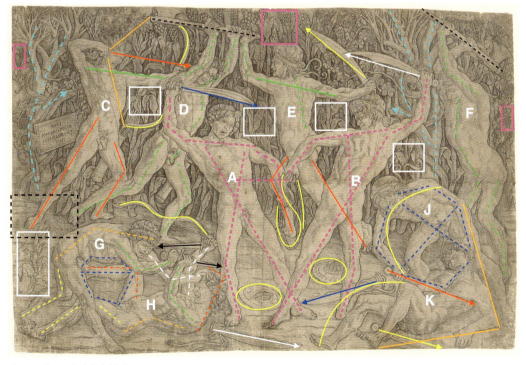

图 20　图 19 的形式分析图

图21　安东尼娅·德尔·波莱奥洛，《裸体男子的战斗》局部

图22　乔托，《基督的生平No.21：杀害无辜者》局部，湿壁画，帕多瓦，竞技场教堂

人物G、人物H的身体姿势对称（他们身上的绿色、白色、橙色、黄色和红色虚线），连手持的刀在方向上也相反（黑色箭头），帽子也有正反面的区别（黄色圆圈）。

　　画面左下方的事物（白色方框），在画面背景中重复出现（四个白色方形），形成同类图形的呼应，在大、小上形成对比，以此形成视觉上的连续性，并突出它们前方的人体，事实上，这里运用了图底关系（figure-ground）再现空间。画面左、右两侧的大树都有指引观者看向画面中央的作用（湖蓝色箭头），而它们身上缠绕的葡萄藤果实下垂，与画面中央顶部向上生长的麦穗形状相似，方向相反（三个紫红色方框）。葡萄藤缠绕在树干上的形状和地上缠绕在宝剑（画面下方的白色、蓝色箭头）上的绳子相似，与人物E、人物F头发上的曲线飘带相似。它们有着同类图形大与小的对比，塑造了画面形式节奏的变化和空间上的前后关系，因此，画面看似凌乱，却依然能保持统一的形式关系。

　　事实上，地面上的横线也暗示了空间的深度变化（例如，黑色虚线方框）。另外，画面中的其他武器也形成旋转对称的关系（蓝色、黄色、白色箭头），制造了画面中的混乱感。画面左上角和右下角的红色箭头形成同方向视觉力的呼应，它们的张力与人物之间对称姿势形成的秩序形成对比。由于人物D、人物F的姿势呈镜像对称，他们手握的斧头方向不同（黑色虚线），表现了不同时间的动作。再者，这张作品还体现了波莱奥洛对人物表情的研究。对比波莱奥洛和乔托作品中的人物表情（图21、图22），两张作品中人物受线性轮廓影响，表情僵硬，然而，波莱奥洛已经利用脸部肌肉的知识来弱化线条的束缚，更能表达人物的情绪。

图 23　《拉奥孔》（罗马复制品），公元前 1 世纪早期，大理石，2.4 米高，梵蒂冈，皮奥 – 克莱门汀博物馆

图 24　图 23 的形式分析图

　　由以上分析来看，我们从中管窥到第二时期艺术家在人体比例、肌肉、表情、动作、衣服、风景上的钻研，网格构图和红、黄、蓝、绿四种色彩的运用，都是他们共同的特点。因此，第二时期艺术家的作品也正如瓦萨里的判断那样，与古代第二时期艺术的情况相似，即"只用四种颜色、线条、轮廓线和形状作画"，还没能画出"灵魂的情感和热情"。

（二）弗朗切斯卡和波提切利作品的形式分析

　　在安德烈亚·韦罗基奥和安东尼娅·德尔·波莱奥洛之后，人们重新发现了古代的艺术作品，其中就有著名的《拉奥孔》（图 23）。在图 24 中，拉奥孔的身体动态在空间中形成 X 形的姿势和主要张力（黑色双向箭头）。他的头部中轴偏离了身躯的中轴（红色虚线），加强了整个人体扭动的张力。两个儿子身躯分别往他的前方和后方倾倒，进一步加强了黑色双向箭头在空间中的张力。在拉奥孔的这个姿势当中，他肚脐位置成为一个重要的轴，上、下部分身躯以此为轴形成扭转。他的头向身躯一侧转去，因此，头部和肩膀加强了脖子附近肌肉的紧绷，与肚脐附近的肌肉一样，形成张力（两个蓝色圆形）。

　　位于作品右方的儿子，他的姿势也使得他的腹部和脖子附近产生同类的张力（蓝色

图 25

图 26

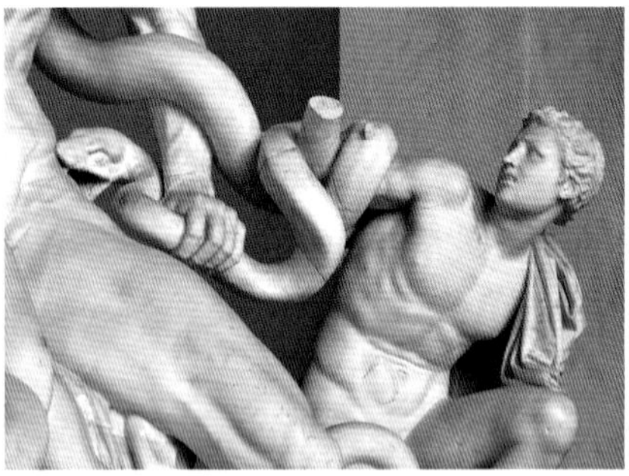

图 27

图 25—27 《拉奥孔》局部

圆形），它们与拉奥孔身上的张力方向形成镜像对称。拉奥孔另一个儿子则由于被蛇缠身，处于近乎失重的状态，和前两者形成鲜明对比。然而，即使他双臂和其中一条腿被蛇缠绕，头颅后仰，单手抓住蛇头，也形成了两个向前和三个向后的力（红色圆圈和绿色圆圈分别代表向前、向后的力）。同样被蛇缠绕的拉奥孔，他的双腿、双肩，缠绕在他左手臂的蛇都各有一个向前和向后的拉力。另一个儿子的右手臂和左脚踝上也如此。

蛇身按压在右边男孩的右腿上，加强了此处的重力（红色实线箭头），与他左肩上耷拉的衣服重力呼应。拉奥孔和另一个儿子右手臂都有举起的动作（黄色箭头），和他们各自左腿的力（红色虚线箭头）形成呼应。作品中的两个蛇头也形成方向相反的视觉力（蓝色虚线箭头）。在作品下半部分，左边男孩大腿的方向和蛇的动态方向相同（三个紫红色虚线箭头）。在表情方面，拉奥孔的表情与头部动态与左边的儿子相像（图 25、图 26），当观者从拉奥孔看向左边的儿子时，可以顺着他因侧身姿势而显得突出的右腿，看向拉奥孔的右腿，进而沿着蛇缠绕的方向（图 24 紫红色虚线箭头），看向另一个儿子，而右边的儿子看向拉奥孔（图 27），由此，形成一个观看闭环（四个白色双向箭头）。

另外，拉奥孔的双膝，右边男孩的右大腿，向后倾斜男孩的右大腿，它们与缠绕他们腿部的蛇身形成“正负形”的关系（黄色圆圈代表“正”形，其余为“负”形）。在脚部姿势上，艺术家也有巧妙的构思，为了让三个人的脚形成两两左右配对的布置（绿色方框），拉奥孔右脚旁布置了厚重的布料褶皱，右边儿子身后也有垂落在地上的布料，和他的左腿形成前后的空间关系，并加强此处的视觉重力，而且，他左脚旁的蛇尾曲线和拉奥孔右脚旁的布料褶皱弧线呼应（中间的绿色方框）。拉奥孔坐着的布料在作品中与两侧的布料相比，面积最大。因为艺术家需要通过它来加强作品下方的视觉重力，与拉奥孔他们向后倾倒的视觉力达到平衡。

在瓦萨里看来，包括《拉奥孔》在内出土的这些艺术作品，它们都曾被老普林尼誉为最著名的作品，“它们的柔和与感染力就像眼睛所见的那样，所显示的完整性和匀称性都有着恰到好处的节制，再现了最完美的自然之美，而且，它们的姿势和动态不

[3] 同上。

图 28　彼得罗·德拉·弗朗切斯卡，《鞭笞基督》，约 1455 年，镶板油画和蛋彩画，59 厘米 ×82 厘米，马尔凯国家美术馆，乌尔比诺

图 29　图 28 的形式分析图 1

图 30　图 28 的形式分析图 2

图 31　图 28 的形式分析图 3

再变形，非常自然流畅，在优雅的转身和弯腰方面，雕像的每一部分都呈现出灵活和自然而然的放松，具有引人入胜的优雅"。然而，在这些作品出土之前，包括多梅尼科·德尔·吉兰达约、山德罗·博蒂切洛（Sandro Botticello）、安德烈亚·曼泰尼亚等人在内的艺术家，由于他们的研究急于求成，作品僵硬、乏味、轮廓分明。[3]

　　在彼得罗·德拉·弗朗切斯卡（Pietro della Francesca，约 1420—1492）的《鞭笞基督》中（图 28），网格构图仍然存在（图 29），在图 30、图 31 中，天花板和地板的透视线都汇集在一个消失点上，弗朗切斯卡运用透视关系，统一了画面中建筑物和人物的关系，使得人物合比例地处于建筑空间内、外。由于作品的水平线低于画面中央（图 31 绿色横线），因此，弗朗切斯卡想表现的是一个仰视角度的画面，根据笔者测绘，画中

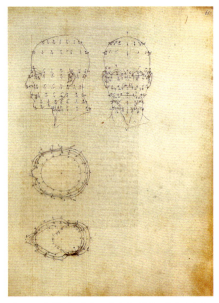

图 32　彼得罗·德拉·弗朗切斯卡,《论透视》,
1576 年, 59 页, 帕尔马, 帕拉丁图书馆

的人物面部和身高的比例为 1 ：9（图 31 蓝色双向箭头），而
且面部长度与足长相当。

　　弗朗切斯卡和同时期的艺术家坚信"人体的比例"是自
然完美的印证，因此，它们应该精确地运用在建筑和绘画中。
这个观念源自维特鲁威，在他看来，大自然按以下比例制造人
体："面部从颏部到额顶和发际应为（身体总高度的）十分之
一，手掌从腕到中指尖也是如此；头部从颏到头顶为八分之一；
从胸部顶端到发际包括颈部下端为六分之一；从胸部的中部到
头顶为四分之一。面部本身，颏底至鼻子最下端是整个脸高的
三分之一，从鼻下端至双眉之间的中点是另一个三分之一，从
这一点至额头发际也是三分之一。足是身高的六分之一，前臂
为四分之一，胸部也是四分之一。其他肢体又有各自相应的比
例……" [4]

　　在弗朗切斯卡的《鞭笞基督》中，考虑到仰视视角要对人
物身高做短缩处理，弗朗切斯卡也对人物的额头部分做了短缩，
因此，他所运用的人体比例与维特鲁威的标准相似，但是足长
和身高的比例并不一致，他没有生搬硬套古人的比例法则。另
外，弗朗切斯卡在他的著作《论绘画中的透视》（*De prospectiva
pingendi*）中，讨论了如何精确地将绘制立方体或柱头的数学短
缩法则，并将之运用到绘制人头比例上（图 32）。鉴于西方古
代建筑和绘画、雕塑共用同一套比例法则，因此，弗朗切斯卡的
做法体现了他在"复兴"艺术上的努力。在瓦萨里看来，第二时
期的艺术家"持续不断地在艺术难以做到的方面上努力，尤其在
短缩法或事物呈现为眼睛不喜欢的角度上努力，而且这些在制作
上也并不容易，因此，对于观者来说，这些作品都并不好看"。[5]

　　在桑德罗·波提切利（Sandro Botticello，1445—1510）的《春》
当中（图 33），仍然有网格构图（图 34）带来的僵硬感。人物
之间的"对称"关系，也是导致作品有僵硬感的重要原因。在图
35 中，画面右方人物 A、B 的头部姿势，人物 F、G 上半身的姿
势都有对称的构图。人物的双脚动态呈镜像关系（湖蓝色、黄色、
紫红色圆圈），只是朝向不同（黄色、湖蓝色圆圈），或步子的
幅度不同（湖蓝色、紫红色圆圈）。然而，与韦罗基奥、波莱奥
洛的作品相比，波提切利的作品显然已经有了改进。

[4] 建筑十书[M]: 90。
[5] 同[3]。

图 33　山德罗·波提切利，《春》，约 1480 年，镶板蛋彩画，207 厘米 ×319 厘米，乌菲齐美术馆

　　首先，人物之间环环相扣的形式关系更自然：在画面右侧，人物 A、B 手臂姿势类似（紫红色箭头），它们除了暗示空间的高度变化外，也暗示了时间和运动。人物 B、C、D 手臂动态也相似（白色、蓝色弧线），虽然方向不同，但却加强了这三个人物之间的关联。人物 B、D 的手部动作相似（绿色方框），引导观者从画面右方看向画面中央，而人物 D 右手的朝向进一步引导我们看向美惠三女神。美惠三女神的手部动态的对称关系（橙色实线、红色虚线、红色实线），加强了她们之间的关联。女神 E 和画面左侧人物 H 上半身姿势类似（湖蓝色线条），女神 F 微微倾斜的头部看向人物 H，因此，画面左方四个人物的形式关联形成。在画面左右两侧，人物 A 和 H 都袒露右肩，上半身衣服着装相似。而在画面下方，由于其他人物膝盖部分被衣物遮盖，人物 C 左膝动态较明显，所以，人物 C、H 膝盖姿势呼应（绿色角），方向不同。因此，它们都加强了画面中部横向区域的连贯性。在画面顶端中央，人物 J 的箭头（紫红色圆圈）指向美惠三女神，女神 G、F 单

图 34　图 33 的形式分析图 1

图 35　图 33 的形式分析图 2

图 36 《美惠三女神》，公元前 2 世纪希腊作品的罗马复制品，大理石，123 厘米 ×100 厘米，大都会艺术博物馆

图 37 《美惠三女神》的背面

边手臂的姿势形成的造型（红色实线）与箭头的造型类似，而且，它们方向相同。人物 J、A 的手臂动态相似（紫红色箭头），因此，画面上方空间和画面左、右方中部空间都产生了关联。

其次，波提切利作品中人物衣服的褶皱更柔和，线条层次更丰富，飘逸的感觉弱化了形体和动作的僵硬感。人物 C、E 衣服的外轮廓（橙色、湖蓝色弧线）和人物 D 身后植物的轮廓呼应，加强了前景和远景的空间联系。再者，人物在空间的布置形成的白色波浪线和人物飘逸衣服的波浪线呼应（橙色、湖蓝色弧线）。人物 A 凹进去的衣服呈椭圆形，与 J 圆鼓鼓的肚子形成对比（蓝色椭圆）。人物 C、D 腹部绿色的椭圆形状，人物 B 和美惠三女神腰身的湖蓝色椭圆形，分别形成呼应关系，前者立体感较强，后者则相反。女神 F 衣服上的 2 个绿色三角形和人物 H 戴的帽子造型，以及画面左上角的云雾纹理（两个紫红色三角形），它们既有形状上的呼应关系，也有质感上的对比关系。

除此，人物 B、D 身上的正负形蓝色三角形，人物 F、J 双腿的三角形内轮廓，人物 A 身旁的树干和人物 H、J 身上的带子（三条黄色弧线）各自遥相呼应。人物 A、J 的翅膀方向相同，而人物 H 的佩剑与人物 A 翅膀造型有相似之处（白色大长方形）。事实上，人物 A 和 D、B 和 D、B 和 E、J 和 H，人物 C 的双手，这四组手部姿势也各自有相似性与呼应关系（黄色、绿色、白色、橙色虚线方框和橙色实线方框）。简言之，它们不仅加强了画面之间的形式关联性，也有条不紊地让作品的动感得到加强，弱化了网格的影响。

虽然波提切利已经能看到古代雕塑作品，然而，他在《春》这张作品中，并没有遵循古代雕塑的对立平衡姿势。在古希腊《美惠三女神》的古罗马复制品中（图 36、图 37），三位女神都遵循对立平衡姿势，她们的重力都放在一条腿上（图 38 红色实线箭头），

图 38

图 39

图 38、图 39　图 37 的形式分析图

图 40　图 33 局部 1

图 41　图 40 的形式分析图

另一条腿处于放松状态。倘若按照对立平衡关系，与受力腿方向相反的肩膀应有向上的力与之呼应（黄色、绿色、紫红色向上的箭头），但这三处恰好被他人按住，产生向下的力与前者相抵消（三个红色透明圆形）。当她们都以对立平衡的姿势站立时，腰部产生压力（三个红色圆形）。人物 2 的姿势动态相对更大，她右边臀部向人物 3 靠拢，左边肩膀向人物 1 靠拢，而人物 1 和人物 3 因为依靠在两旁的物件，它们反向支撑女神（红色虚线箭头）。由于人物 2 向人物 3 靠拢的趋势更大，因此，人物 1 旁边的物件体积比人物 3 旁的更大，前者加强了作品左方的视觉重力（另见她们的背面图 39，仍然是人物 1 旁边的支撑物的体积更大）。由上分析来看，该作品巧妙地实现了三个人姿势之间的动态平衡。

对比波提切利的美惠三女神，在图 41 中，她们的重力也落在一个脚上（红色箭头），

图 42　图 33 局部 2

图 43　图 42 的形式分析图

如果按照对立平衡姿势，与受力脚相对的肩膀举起的话，只有人物 1 是符合对立平衡的站姿。然而，艺术家在这里解决的是三者之间的动态平衡关系。首先，人物 1、人物 2 相对而立（白色箭头），她们的单侧手臂和双腿的姿势都呈镜像对称。人物 1、人物 3 单侧手臂姿势也是镜像对称的关系。人物 3 的站姿略微打破左右对称，然而，她的站姿与人物 2 有关联，她们的腿部姿势在二维平面上方向相同（黄色箭头），脚掌呈镜像对称关系。相应的，她们一侧手臂姿势相同（蓝色箭头）。其次，由于头部和手臂姿势的关系，三个人物肩膀处肌肉受到压缩产生张力（绿色圆圈），人物 2 另一肩膀被往外拽（红色虚线圆圈），此处的力在垂直方向上，与人物 2、3 脚掌交叉的力呼应。人物 1、人物 2 十指相扣的手产生的力相互抵消（绿色双向箭头），人物 3 双手的力方向相反（绿色箭头）。因此，波提切利打破了古代美惠三女神姿势惯例，创造了一种新的动态平衡关系。

值得一提的是，即使在飘逸衣服烘托下而显得体态轻盈的美惠三女神，她们的手部姿势却并不"真实"（图 42），倘若按照这个姿势，人物双手别扭的动作将不会让她们呈现出画面中的轻松表情。另外，从笔者勾勒的红色、绿色交织的线条来看（图 43），波提切利是在按编织的图案描绘她们的手指，而非运用解剖知识再现它们看起来的样子。

图 44　彼得罗·佩鲁吉诺，《将钥匙交付给圣约翰》，约 1481—1482 年，湿壁画，335 厘米 ×550 厘米，梵蒂冈，西斯廷教堂

图 45　图 44 的形式分析图 1

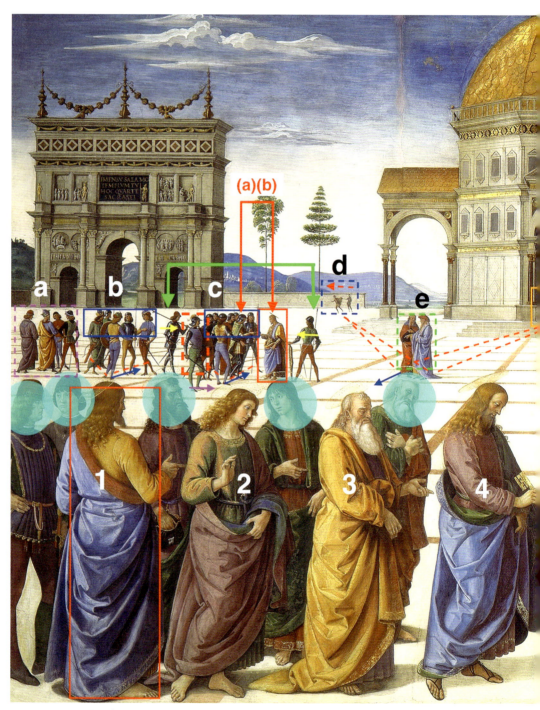

图 46　图 44 的形式分析图 2

图 47 图 44 的形式分析图 3

（三）佩鲁吉诺和马萨乔作品的形式分析

彼得罗·佩鲁吉诺（Pietro Perugino，约 1450—1523）可能受教于彼得罗·德拉·弗朗切斯卡门下，在德烈亚·韦罗基奥那里当过助手。佩鲁吉诺尤其擅长运用透视，将作品中的前景人物活动和背景中的建筑相结合，并影响了他的学生拉斐尔。

他的代表作之一《将钥匙交付给圣约翰》（图 44）包含了网格构图和透视（图 45），整张作品只有一个消失点，聚焦在画面中央，画作有左右对称的布局（红色、紫红色双向箭头）。佩鲁吉诺在这个规整的构图中，通过人物布局，让作品具有丰富的形式变化。首先，在图 46 中，数字 1—9 标示的人物，他们离观者最近，蓝色透明圆圈标示的人物位于他们后面。因此，以钥匙的位置为中轴线，左边有四个人物，比右边五个人物的视觉力轻。为此，艺术家在中景和远景中做平衡：画面左边中景处的人群较为密集，比右边分散人群的视觉力重。右边远景中有浓密的植物，建筑物被光线照射，甚至橙色虚线方框处也有光照的部分。另外，画面右方的云朵也比左方的多。因此，画面右上方的建筑物、风景的视觉力比左方对应位置的重。由此，画面形成了一个 Z 字形的视觉力变化路径。另外，为了加强画面前景左方的视觉力，从图 45 的蓝色中轴线上来看，还可以看到垂吊的钥匙位于画面左方，并且朝向左侧。

不仅如此，中景处的人物布置也有精微的构思：在图46中，画面左方的人物组 a 和画面右方的人物组 k（紫红色方框）形成对称关系。在画面左方，人物组 b、人物组 c（蓝色方框）可以看作两个模块，在他们和近景之间，站着两个面向远景，衣服颜色相同的士兵（朝向远景的蓝色箭头）。在人物组 c 的左右两旁，有姿势朝向相对的两个士兵（绿色连线箭头），他们的朝向引导我们看到人物（a）、人物（b）。人物（a）（b）相对站立的动态与近景处人物 4、人物 5 的动态有相似之处，但是人物 5 跪下的姿势又与他们形成差别。另外，人物（b）和近景处的人物 1，他们发型和衣服着装相同，因此，他们是同一人物，暗示了作品中包含了发生在不同时间中的事件。

在人物组 c 的前方，有朝向画面右方站立的士兵（红色虚线方框，紫红色箭头），他的姿势引导我们看向画面中央，而在中景处的中央位置附近，有以同方向行走的人与前者呼应（红色虚线方框）。另外，作品中人物的分组还存在数量上的呼应，或姿势上的呼应：在画面左方，人物组 e（绿色方框）和画面右方远景中的人物组 g 在人物动态上相似，在人物组合数量上呼应。位于画面中央的人物组 f（橙色方框）和画面右方的人物组 j 在人物数量上呼应。分别位于远景左、右方的人物组 d 和人物组 h（蓝色虚线方框），人物在动态方向上呼应，左边呈倒"八"字形动态，右方呈"八"字形动态。在画面右方，人物（c）、人物（d）的朝向和他们身后的两个人的朝向相同（红色向下虚线箭头），也形成同姿势的呼应，并暗示了空间的变化。

除此，人物（1）至（5）的姿势相似（绿色倾斜箭头），人物（1）（2）的姿势方向引导我们看向画面左方的人物组 d（红色虚线箭头）。人物（3）（4）的姿势方向相同，塑造了空间的深度，而人物（5）的姿势方向与前两者方向相反，所以，他们三人在画中的空间中形成三角形构图。另外，紫红色连线箭头所指的两个人，手部动作方向相反（红色实线箭头），他们形成对角线的构图关系。至于人物（6）（7），他们都有朝向近景的动作，有衔接近景和中景的作用，与画面左方面向 b、c 组人群的士兵在朝向上相反。再者，在画面左方中景处，人物组 e 和人物组 d、人物组 f 在地平面上形成三角形构图。在画面右方中景和远景，

图48 马萨乔，《圣三位一体》局部，1425—1428年，湿壁画，640厘米×317厘米，佛罗伦萨，新圣母玛利亚教堂

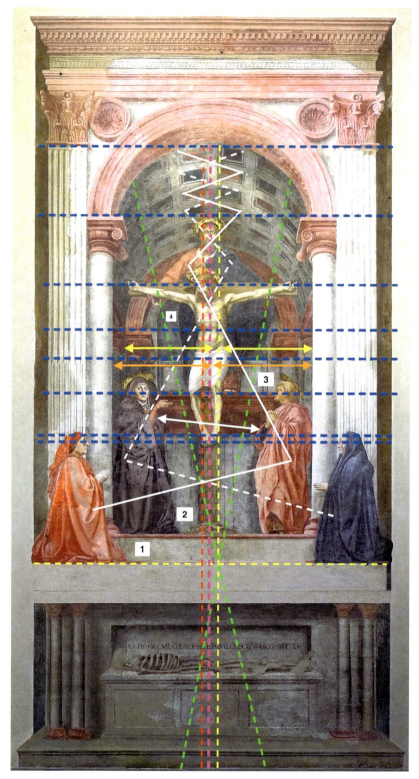

图 49　图 48 的形式分析图 1

图 50　图 48 的形式分析图 2

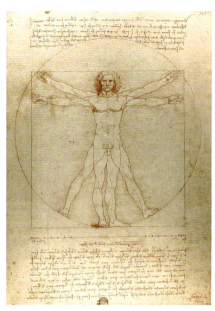

图 51　莱奥纳尔多·达·芬奇，《对维特鲁威人身体比例的研究》，约 1485—1490 年，蘸水笔，34.3 厘米 ×24.5 厘米，威尼斯学院画廊

也有多组三角形构图（两组蓝色三角形，两组黑色三角形，红色和白色三角形各一组），它们形成若干的透视关系。在画面左方，两名朝向远景站立的士兵，他们分别和人物组 b、人物组 c 也构成三角形构图（红色三角形），他们规整的站姿与画面右方包含人物的动态变化形成对比。

这张作品的色彩虽然仍然由红、黄、蓝、绿色构成，然而，在图 47 中，同色相衣服颜色的呼应关系让作品看起来更具动感（黄色、湖蓝色、绿色、红色、蓝色三角形，紫红色、橙色弧线）。另外，在前景中，人物的站姿构成的白色三角形，增强了画面深度的变化，而且，人物的疏密关系处理也进一步丰富了近景处的形式关系。不过，近景人物的对称性还体现在人物形象的相近上（黑色、红色、绿色、蓝色圆圈中的人物）。除了衣服颜色不同外，佩鲁吉诺还在细节上对他们做了差异化处理，黑色圆圈的人物有着年龄差距，红色圆圈的人物在是否穿鞋子上有差异（蓝色方框），绿色圆圈中的人物性别不同，蓝色圆圈中的人物姿势方向不同。综上来看，倘若对比佩鲁吉诺的这张作品和弗朗切斯卡的《鞭笞基督》，虽然它们同样都是以单点透视统一画面空间的作品，然而佩鲁吉诺作品中的形式关系更具多样性，这与多样化的空间关系，和同色相在不同空间上的呼应关系有关。这张作品的透视关系呈现出左右对称的布局，另外，多组人物、色彩不对称的形式关系又与之形成对比，这又再次体现了佩鲁吉诺的艺术创新之处。

在文艺复兴初期，乔托已经做了重要的创举，开创了新的时代，然而，瓦萨里认为乔托的作品仍有如下不完美的地方："早期的风格最粗糙，不精细，乔托的风格变得更柔和、和谐。如果他们没能描绘清澈的眼睛、画出美丽的人、无法赋予他们所谓的写实动态，那就让他遇到的困难为此做辩解，还有头发和胡子不够柔和，没有真实再现手部的关节和肌肉，粗犷的人物形象缺乏真人的生气，那么请记住乔托没有看过比他作品更好的艺术家作品。"[6] 这些遗留问题将由后来的艺术家解决。第二时期最为重要的代表艺术家是马萨乔（Masaccio，1401—1428），在瓦萨里看来："马萨乔在人物的头部、肤色、褶皱、建筑物上，完全继承了乔托的风格，表现卓越、出色；他还恢复使用透视，为现代

[6] 同 [4]Liana Cheney. 166.
[7] Le Vite., 529–531.

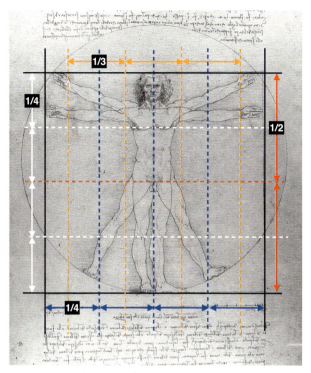

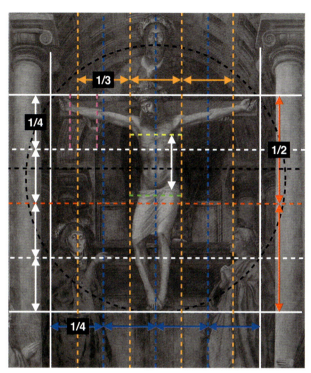

图 52　图 51 局部的形式分析图 　　　　　　　　图 53　图 48 局部的形式分析图

风格带来曙光。在他所处的时代，所有艺术家都追随他的风格，甚至今日，我们也还在追随他的风格。"[7] 也就是说，马萨乔的艺术风格具有承前启后的意义，他是衔接第一、第三时期的重要节点人物。

　　马萨乔的《圣三位一体》（图 48），再现了基督、圣父、圣灵，位于十字架旁边的圣母和圣约翰，以及两位在拱门门口跪拜的捐赠人，艺术家以透视关系将他们统一在桶形拱顶空间的内和外。整张作品的空间可以划分为四个区域（图 49 数字 1—4）：两个捐赠人位于拱门外，圣母、圣约翰和基督位于十字架前，圣父位于十字架后，圣父后面还有一个凹下去的拱洞。其次，这张作品主要用红、蓝（紫）、黄和白四种颜色组成。红色和蓝色有着不同的明度和饱和度的变化，它们在画面中形成对角线的呼应关系（如白色虚线和白色实线）。另外，同色相的明度变化也能形成空间上的前后关系，如圣父红色的衣袖和他身后的红色拱门。除此，圣父蓝色袍子占据的面积较大，它几乎可以与他身后的拱门（区域 4）组合为一个错觉的拱门，结合它们邻近的色相，形成空间深度的暗示。

　　这张作品看似是左右对称的构图，实则并不如此。根据拱顶的建筑结构的透视线交点，可以确定透视线的交点位于捐赠人跪拜的水平面（黄色水平线）。结合画面中的绿色透视线，两个长度相同的黄色双向箭头和两旁柱子的距离，可以发现穿过透视交点的黄色纵轴线并不位于画面中央，而是位于画面右侧。基督身躯的中轴线（穿过基督肚脐的紫红色纵轴线）和他头上圣灵嘴巴的朝向（红色纵轴线）都位于黄色纵轴线左侧。以长度相等的橙色双向箭头做参考，可知画面中的中轴线与紫红色纵轴线重叠。因此，由于基督的身躯、头部姿势，以及他在画面中的位置，他产生的视觉重力位于画面左方，他的头部姿势产生向画面左下方的视觉力。

在画面右方，圣约翰双手姿势呈圆球体，女捐赠人衣服的蓝色与画面同色相颜色相比，纯度最高，因此，它们共同加强了画面右方的视觉力。在画面左方，圣母伸向右方的手部姿势与女捐赠人的手部姿势方向相对，但她的表情、手臂的红色衣服和较为突出的手部姿势加强了向画面右上方的视觉力。男捐赠人衣服颜色是所有红色中纯度最高的，它产生的视觉力沿着他的手势方向指向画面右上方。因此，这两个向右上方的视觉力与基督头部姿势产生的视觉力方向相反。另外，圣母的手部姿势高于圣约翰(白色双向箭头)。因此，前者的动作加强了向画面右上方指去的视觉力，后者的位置高度加强了画面右方的视觉重力。圣母和圣约翰袖子上的颜色，能加强他们与邻近捐赠人的联系。

从画内建筑空间中的水平横线或建筑结构的连线（图 49 蓝色线）来看，它们之间的宽度逐渐递增。结合这张作品六米多的高度而言，这些蓝色线距离的渐变有助于矫正观者的视觉缺陷，营造真实的错觉。在图 50 中，结合建筑物绿色透视线和人物的关系，可以发现圣母脸部的明暗分割线、鼻子轮廓线倾斜的方向、圣约翰脸部倾斜的方向都与绿色透视线有关，作品下方的蓝色建筑透视线影响了捐赠人的形状和姿势。另外，作品中的黑色倒三角形此时反而加强了画面的视觉重力，渲染了基督受难的情节，并引导观者看向画面下方的骷髅和文字："我曾是现在的你，你也将成为现在的我。"三个拱洞形成的圆形（黄色、紫红色和白色圆形），它们的横轴线分别与近处、远处的柱头连线重合，而紫红色和白色圆形的直径（红色线）恰好与基督的肚脐（蓝色圆点）位于同一水平线。

人体的肚脐位置与人体"比例"在古代就有着重要的关系，维特鲁威认为大自然是按以下规则制造人体："人体的中心自然是肚脐。如果画一个人平躺下来，四肢伸展构成一个圆，圆心是肚脐，手指与脚尖移动便会与圆周线重合。无论如何，人体可以呈现出一个圆形，还可以从中看出一个方形。如果我们测量从足底至头顶的尺寸，并将这一尺寸与伸展开的双手的尺寸进行比较，就会发现，高与宽是相等的，恰好处于用角尺画出的正方形区域之中。"[8]莱奥纳尔多·达·芬奇根据这个准则绘制了《对维特鲁威人身体比例的研究》（图 51）。虽然维特鲁威人的姿势是人体平躺的姿势，马萨乔笔下的受难基督是微微侧身、身躯蜷缩的姿势，然而，以前者的比例与后者做比对，可以看到马萨乔如何解决大尺寸作品中的人体比例问题。

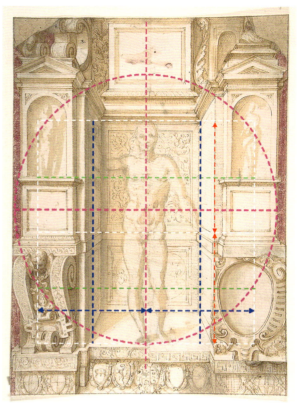

图54 朱塞佩·阿钦博尔多，《壁龛中的人物研究》，约1560—1567年，蘸水笔和棕色墨水，35.1厘米×26.3厘米，大都会艺术博物馆

图55 图54的形式分析图1

首先，根据笔者的分析，在图52中，如果将人体的高度平均划分为上下两部分（红色双向箭头），红色水平轴落在人体大腿的根部，无论维特鲁威人是站立还是双脚有动态变化，这里的位置都没有改变。其次，如果将人体高度平均划分为四份（白色双向箭头），白色虚线分别与胸部乳头连线的位置，膝盖下方相重合。再者，如果将整个手臂长度平均划分为四部分（蓝色双向箭头），可以发现手臂中间恰好是一个分界的位置。最后，倘若将两手腕之间的长度平均划分为三部分（橙色双向箭头），肩膀的宽度和手臂长度相等。有意思的是，如果对比图51和图52，莱奥纳尔多也在这些分界线位置上留下了分割线。

虽然马萨乔的基督是蜷缩身体的姿势，不过，我们仍然可以将维特鲁威人的几何比例法视为一种"规范"去考察马萨乔对古

[8] 建筑十书[M]: 90。

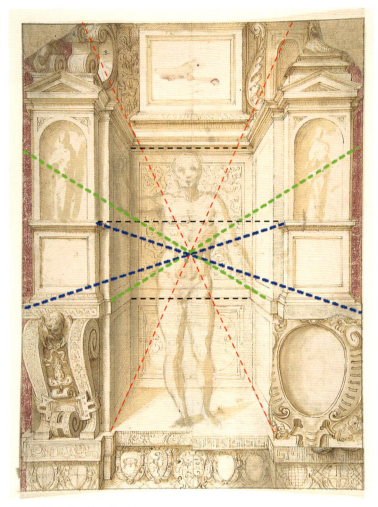

图 56 图 54 的形式分析图 2

典比例的改良。对比图 52 和图 53，首先可以发现，维特鲁威的人头部顶端轮廓线和正方形顶边相切，基督头部高出正方形的顶边，而且，基督头部下垂。因此，马萨乔加大了基督头部的体积。其次，维特鲁威人的乳头连线和大腿根部之间的距离为正方形边长的四分之一，基督身上相对应位置的长度（黄色和绿色横线之间的距离）已经超过了四分之一，换言之，马萨乔加大了此处的尺寸。再者，维特鲁威人手臂有伸直和扬起两个姿势，当他伸直手臂时，蓝色、橙色纵轴线分别穿过他伸直手臂的臂窝和手腕，然而，基督的手臂姿势与前者上扬姿势类似，而蓝色、橙色纵轴线穿过的位置却和维特鲁威人一样。图 53 中的紫红色纵轴线才是臂窝和手腕"正确"的位置，因此，马萨乔实际上改变了基督手臂的长度。

　　比较马萨乔的受难基督和意大利艺术家朱塞佩·阿钦博尔多（Giuseppe Arcimboldo，约 1527—1593）《壁龛中的人物研究》中的人体比例（图 54、图 55 和图 56），可见后者人体的躯干比例沿用的是维特鲁威人的"正确"比例。顺带一提的是，从图 56 建筑结构的透视线和人体的关系来看（红色、绿色和蓝色透视线都相交于人体肚脐附近），在西方艺术中，运用在建筑中的比例法则与人体比例法则有着密切的关系，此处从一个侧面体现了文艺复兴时期艺术对古代比例法则的复兴。对比图 56 和图 49 中的蓝色横线，以及图 50 中的紫红色、白色圆圈，马萨乔即使在人体比例不再因循正确比例的情况下，仍然要统一人体比例和建筑比例的关系。

　　事实上，马萨乔作品中的这种"错误"比例，并不是他个人的独创，西方古代艺术家已经根据观者和作品的视觉距离，校正事物的大小（比例），强调看起来效果的"真实"。柏拉图在《智者篇》中提到当时艺术家的实践："如果他们在制作作品时，依据美的形式的真实比例，那么，作品的上部看起来比下部小得多，而下部看起来比它实际还大。因为我们从远处看上部，从近处看下部。"[9] 总之，当艺术家放弃客观真实，追求错觉的真实时，他们的作品离眼之所见的真实更近了，但是无论如何，佛罗伦萨画派仍然依据的形式法则是比例，与稍后我们要讨论的，并且同样追求真实的威尼斯画派不同。

[9] Plato. *Sophist*. 235D ff.

六、第三时期的艺术风格：
莱奥纳尔多、拉斐尔和米开朗琪罗的艺术风格

（一）《最后的晚餐》的形式分析

瓦萨里将莱奥纳尔多·达·芬奇（Leonardo da Vinci，1452—1519）视作盛期文艺复兴的奠基人，在他看来，莱奥纳尔多"开创了第三时期的风格，人们将这个时期称之为现代。他除了素描更有力量、更洒脱以外，更不消说他艺术上的精准，他能精确模仿自然每一个细节，恰如自然本身。他展现了完美的规则、改良的样式、正确的比例、恰当的设计以及最具神性的优雅；才华横溢、技术娴熟，可以说，他的确不仅赋予人物美，还有生气与动态。"[1]

在莱奥纳尔多《最后的晚餐》中（图 1），仍然有着网格构图，图 2 中的网格与建筑结构透视线有关，图 3 中的网格与人物显要的动态有关。这张作品的建筑结构透视线相交于基督身上，图 4 中的黄色虚线横向轴是这张作品的水平线。这张作品虽然是单点透视构图，然而人物并没有受透视线影响而变形（对比马萨乔《圣三位一体》中的圣母，她的脸庞受透视影响而扭曲），艺术家以人们站在他们正面的视角再现基督和每一个圣徒的形象。

值得注意的是，这张作品最大的特点是将光线引入室内，在莱奥纳尔多之前尚未有艺术家做过这样的尝试。在作品的去色图中（图 5），明暗关系的变化更加明显。在图 6 中，画面右方的墙比左边墙亮，由此可以判断光线从画面左方进入室内空间，散射的光导致天花板上的明暗变化并不均匀。在桌面区域，犹大（人物 4）伸出去的右手（黄色实线长方形）附近，基督左手（白色虚线圆圈）附近，和人物 10 面前的桌子区域（黄色虚线长方形），它们的明度相对桌子其他部分更亮，其中，白色虚线圆圈附近区域最亮。

作品背景中有三扇窗，透过它们能看到户外光线强弱的变化。左边窗外的光线最强（图 6 橙色长方形）比右边强，它和山脉的走势一起引导人们看向基督。中间窗的窗外光线明度具有象征性，艺术家将这个自然光和基督形象相配合，用自然光替代了基督头后的光环（橙色圆形），打破拜占庭艺术中的圆形图案，使得基督的形象与写实空间、光线更协调。在这扇窗之上有一个半圆拱形，形成向上的视觉力，与窗外光线相配合，产生仿佛是光环向四周漫射的暗示（橙色弧线）。弧线建筑结构还和基督面前的盘子呼应（橙色椭圆形），它的白色与基督身后的光线呼应（橙色圆圈）。另外，作品左右两边的圣徒受光线入射角度的影响以及衣服本身色相的影响，在左边人群中，人物 6 的衣

图1　莱奥纳尔多·达·芬奇，《最后的晚餐》，1495—1498年，蛋彩画，460厘米×880厘米，米兰，圣玛利亚感恩教堂

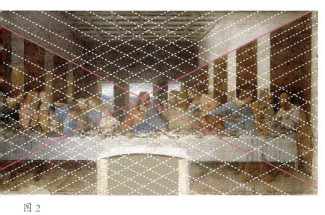

图2

图3

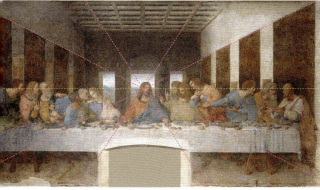

图4

图2—4　图1的形式分析图

[1] *Giorgio Vasari's Prefaces: Art & Theory*[M]: 184.

图 5   图 1 的去色图

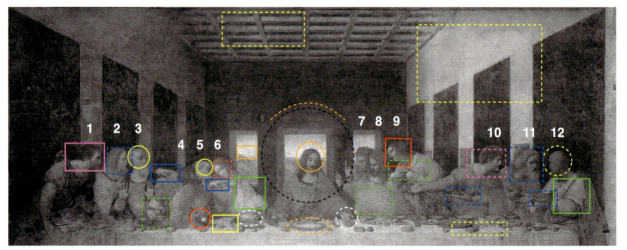

图 6   图 1 的形式分析图

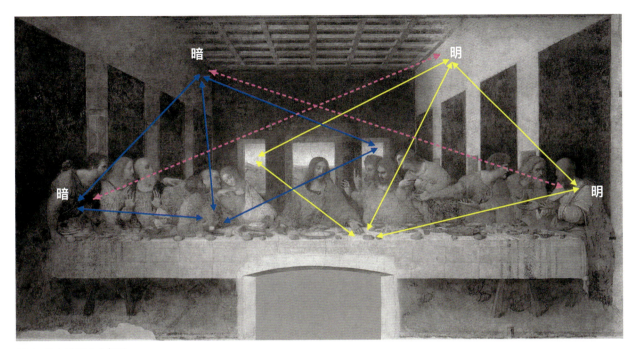

图 7　图 1 的形式分析图

服明度最暗，右边人物 12 的衣服明度在右方人群中最亮。他们衣服的明度还与他们各
自对面墙的明度形成明与暗的对比关系（图 7 紫红色双向箭头）。

　　因此，在图 7 中，室外光线最强的窗，室内墙面受光最强的部分，桌面最亮的部分，
以及画面右方衣服明度最亮的人物 12，他们的明度相呼应（图 7 黄色双向箭头），形
成不受僵化网格束缚的呼应关系。与此类似，画面左方也有明度最暗事物的呼应关系（蓝
色双向箭头）。这种呼应关系是左右"对称"的呼应关系，与威尼斯画派的"非对称"
呼应关系不同。更重要的是，人物的姿势、人物衣服的色彩与光线的关系进一步打破网
格的束缚，让作品实现更大程度的"写实"。

　　在图 6 中，基督左手手掌朝上置于桌面明度最亮的区域，直截了当地点明了基督向
门徒直言有人要出卖他，直扣主题。基督左手臂姿势与人物 6 的类似，因此，类似的姿
势有助于引导人们在平行方向上观看。人物 6 左半边身躯衣服的明度最亮（在红色基础
上添加了白色，提亮了明度），它和犹大（人物 4）左半边身躯衣服明度的"暗"形成对比。
犹大的身躯姿势和人物 8 的姿势相类似，形成左右对称关系，但在动作上，前者双手紧绷，
后者双手舒展，暗示了两人心理活动的不同。另外，犹大和人物 8 的动作都向后退，人
物 5 和人物 9 的动作则和他们相反，有向基督方向前倾的趋势。这种后退与前进的动作
关系，在基督左右形成张力。人物 5 和 6 脸部的光线映衬了犹大背光的脸，除此，犹大

图 8　图 1 局部的形式分析图

和人物 6 的衣服由五个色块组成，加强了这组人物的视觉重力，并与人物 8、9 衣服的单一色相形成繁复和简约的对比（另见图 1）。

基督的右手和犹大左手的姿势相似（图 1），方向不同，它们还有"明"与"暗"的对比（图 5）。人物 6 十指交叉相扣放置于它们之间（图 6 椭圆形白色圆圈），将它们相关联，并暗示基督所说的内容与犹大的关联。人物 5 头部在犹大和人物 6 之间，他身后的黄色衣服衬托了他反手拿着的刀（绿色虚线方框）。他握着刀的右手产生的视觉力，与他从左向右伸出去的左手产生的视觉力方向相反（蓝色实线方框），两个方向相对的视觉力加强了画面左方的张力，故事情节被渲染得更加紧张。

在画面右方，人物 7、人物 8、人物 9 头部微妙的方向变化，仿佛暗示了时间变化，让人联想到他们头部转动，相互询问的动作。人物 8 双手臂张开的姿势与人物 9 双手臂置于胸前的闭合姿势相反，形成对比。人物 7 手指指向天花板，将画面中景空间与顶部空间相联系。人物 9 的姿势使得他肩膀和双手更好受光，他与人物 8 一并挡住了光线，让后面那组人物处于暗处（人物 10、人物 11 和人物 12）。人物 10 伸长的右手臂将两组人物相衔接。分别位于作品两端的两组人物（人物 1、人物 2、人物 3 和人物 10、人物 11、人物 12）由于发型、脸部特征和手势上的相似（紫红色、蓝色方框，黄色圆形），形成在空间上的呼应关系和对称关系。另外，人物 1 和人物 10，人物 2 和人物 11 的头部转向一致，引导人们从画面左方看向右方。

虽然人物 3 和人物 12 头部转向相反，然而，人物 12 和人物 10 双手举起的高度相近，形成了引导观者从右看向左的视觉力，形成观看路径的循环。分别位于画面两端的人物 12 和人物 1，他们双手姿势的方向相反（手掌有朝上和朝下的区别），使得观看路径中暗含了疑问和紧张情绪的循环。具体来说，人物 1 伸长脖子的身躯姿势引导人们看向画面中央，他与人物 2、3 的视线几乎处于同一平面。人物 3 头部的高光与人物 5 头部高光呼应，人物 2 和人物 5 的手部姿势相似（蓝色实线长方形方框），它们一并引导人们继续看向画面中央。在画面右方，人物 12 和人物 10 手部姿势相类似（蓝色虚线长方形方框），也引导我们看向画面中央，左边蓝色实线方框和右边蓝色虚线方框中的手部姿

图 9　莱奥纳尔多·达·芬奇，《岩间圣母》，约 1483—1486 年，
镶板油画，199 厘米 ×122 厘米，卢浮宫博物馆

势在方向上相反。

　　如果说画面左方的视觉力方向（蓝色实线长方形方框）是向画面下方引导，那么画面右方的视觉力方向（蓝色虚线长方形方框）则是向上引导。前者与基督头部向画面右下角低头的姿势呼应，后者与他头部姿势方向相反。另外，人物 10 伸长的右手不仅将他这组人物和人物 7、人物 8、人物 9 相联系，他右手的姿势还和基督左手的姿势类同（手心朝上），形成纵横方向上的对角线关系。因此，莱奥纳尔多借助人物的动态表现人物的心理活动。最后，在图 8 中，以白色虚线为分割线，两边人物姿势形成的明度关系（分别以数字标示明度的梯级变化）暗示了空间上的深度变化，莱奥纳尔多统一了光线和空间的关系。

图 10　莱奥纳尔多·达·芬奇,《岩间圣母》, 约 1491—1508 年,
镶板油画, 189.5 厘米 ×120 厘米, 伦敦, 国家美术馆

（二）两张《岩间圣母》的形式分析

　　莱奥纳尔多创作的两张《岩间圣母》在构图上看起来相似（图 9 和图 10）, 但
这两张作品却有着本质上的不同。首先, 与第二时期艺术家的圣母子主题相比（图
13）, 莱奥纳尔多已经不再沿袭圣母抱着圣子的姿势。风景不再只是人物身后的装饰图
案, 而是风景与人物相融合, 圣母子仿佛普通人一般在大自然中活动, 体现了他们的人
性色彩, 而非神性光辉。其次, 对比两张《岩间圣母》的去色图（图 11、图 12）, 以
及第二时期艺术家作品的原图和去色图（图 13、图 14）, 可以发现第一张《岩间圣母》
的去色图在处理明暗关系上与第二时期艺术家作品更相似。对比第二时期艺术家的人物

图 11　图 9 去色图

图 12　图 10 去色图

素描、风景素描（图 15、图 16）和莱奥纳尔多的素描（图 17、图 18），前两位艺术家的素描与浮雕相似，而莱奥纳尔多的素描已经能再现对象的立体感，具有圆雕的效果。

　　另外，对比莱奥纳尔多和另一位第二时期艺术家的作品（图 19 和图 20），埃尔科莱·费拉雷塞（Ercole Ferrarese）所画的抹大拉，由于线条清晰而使得人物看起来犹如雕塑，莱奥纳尔多笔下人物的线条若隐若现，反而更能凸显人物肌肉和皮肤的柔软和生气。另外，光线从人物头部入射，在人物脖子部分的阴影与之呼应，更能塑造头部的立体感。而在费拉雷塞的作品中，人物形象缺乏投影，没有完整的素描五调子（对比图 20 和图 39，另见图 13 至图 16，图 38 也如此）。换言之，第二时期艺术家对"光"的表现尚不充分，因此，还没能与"装饰"完全脱轨。

图 13　山德罗·波提切利，《圣母子和天使》，1475—1485 年，镶板蛋彩画，85.8×59.1 厘米，芝加哥艺术学院

图 14　图 13 去色图

实际上，莱奥纳尔多所用的方法是明暗对照法（*chiaroscuro*），明暗对照法与多版套色木刻（*chiaroscuro woodcut*）的发明有关，后者是乌戈·达·卡尔皮（Ur da Carpi，约 1480—1532）根据拉斐尔和帕尔米贾尼诺（Parmigianino）的素描进行创作，发明了这种技法。[2] 卡尔皮在主木板（key block）中（图 21），用深色调再现了人物的轮廓，接着，他再用多块浅色木板表现色彩的渐变，明暗对比和色调，达到图 22 的效果。对比《亚当和夏娃》和多版套色木刻《第欧根尼坐在桶前读书》（图 23 和图 24），在前者中，背景的"暗"凸显人体的"亮"。在后者中，有了投影的人体、立体感更强，背景中的阴影层次更丰富，空间深度得到显著增强。而《伯尔尼州旗手》（图 25）与《第欧根尼坐在桶前读书》相反，艺术家只描绘了光入射的部分，没有描绘阴影，[3] 相当于我们今天摄影中的逆光，以弱化事物结构细节的方式，强调轮廓线，这个做法与包豪斯的标志设计（图 26）有着异曲同工之处。

[2] 美术术语与技法词典[M]: 98—99。
[3] E. H. Gombrich. *Art and Illusion*[M]. New York: Princeton University Press, 1969: 44—45.

图 15　卢卡·西尼奥雷洛，《男人侧脸头像》，1490 年，素描，29.9 厘米 ×24.4 厘米，大都会艺术博物馆

图 16　彼得罗·佩鲁吉诺，《风景》，1489—1490 年，素描，20.4 厘米 ×28 厘米，大都会艺术博物馆

图 17　莱奥纳尔多·达·芬奇，《四分之三侧脸的圣母》，约 1510—1513 年，素描，20.3 厘米 ×15.6 厘米，大都会艺术博物馆

图 18　莱奥纳尔多·达·芬奇，《圣母朝拜圣婴的构图草图》，约 1480—1485 年，素描，19.3 厘米 ×16.2 厘米，大都会艺术博物馆

图 19　莱奥纳尔多·达·芬奇，《安吉亚里战役中两名战士头部的研究》，约 1504—1505 年，素描，19.1 厘米 ×18.8 厘米，匈牙利，布达佩斯美术博物馆

图 20　埃尔科莱·费拉雷塞，《哭泣的抹大拉》，1480 年，素描，25.5 厘米 ×28.5 厘米，湿壁画，博洛尼亚国家美术馆

图21 乌戈·达·卡尔皮，《亚拿尼亚死后被使徒包围》，1518年，木刻，主木板（keyblock）22.1 厘米 ×37.2 厘米，大都会艺术博物馆

图22 乌戈·达·卡尔皮，《亚拿尼亚死后被使徒包围》，1518年，木刻，23.5 厘米 ×37.2 厘米，大都会艺术博物馆

图23 丢勒，《亚当与夏娃》，1504年，23.5 厘米 ×37.2 厘米，雕刻，大都会艺术博物馆

图24 乌戈·达·卡皮，《第欧根尼坐在桶前读书》，约 1527—1530年，多版套色木刻，47.5 厘米 ×34.6 厘米，大都会艺术博物馆

　　将第一、二时期艺术家作品的去色图（图 27、图 28），它们的局部图（图 29、图 30），和两张《岩间圣母》的局部做对比（图 31、图 32），可以发现莱奥纳尔多第二张《岩间圣母》通过扩大明暗变化的梯度（graduation）来表现光，体现事物的质地（texture），加强人物的立体感。瓦萨里认为莱奥纳尔多的作品"超越了力量和果断，有着对自然细节最细微的模仿，就像它们看起来那样"，其中，"对自然细节最细微的模仿"说的应是明度范围的扩大，再现了"光"的丰富层次，莱奥纳尔多与第二时期艺术家不同，他不再仅限于用线条刻画对象的细节。

　　比较两张《岩间圣母》来看（图 33 和图 34），它们最相似的地方是莱奥纳尔多利用圣母的袍子，将圣约翰和圣婴相联系，更重要的是，袍子能形成合围的两个"面"，能更好地塑造类似金字塔的立体空间。在图 33 中，圣约翰并没有携带十字架，在图 34 中，莱奥纳尔多去掉了天使指向圣约翰的手。在第一张作品中，圣母的左手、圣婴和天使的手都大体处于同一纵向空间（图 33），天使和圣约翰手部动作方向相反（图 35 绿色双向箭头），圣母左手和圣婴左手的动作在垂直方向上相同（紫红色箭头），所以，四人的手部姿势形成对角线关系。

　　在图 35 中，白色对角线将画面的明暗关系划分为两部分。结合人物姿势（天使身躯的倾斜，圣母头部的转向），山脉延伸的方向，以及它们的明度关系，在画面中形成另一条对角线（橙色箭头），暗示空间的纵深变化，并与白色虚线分割线形成相交的关系。另外，圣约翰弯曲的右手臂和圣母弧形的黄色袍子不仅外轮廓相似（黄色弧线），明度也接近，暗示了空间的前后关系，也衔接了空间从左到右的关系。圣母左手的弧形轮廓线与前两者方向相反，与圣婴头部外轮廓相似（白色弧线），所以也形成一个引导人们观看的路径。另外，圣约翰和圣婴身体亮部的明度形成相近似的呼应（橙色圆形和椭圆形），他们双脚指向的方向相对。因此，这张作品中的"完整"使得圣约翰不需要携带十字架。然而，基督、圣约翰和天使在画面中的高度空间相近，所以，他们三人脸部的明度近似，圣母脸部的明度则相对暗淡（另见作品的去色图，图 11）。

图 25　乌尔斯·格拉夫，《伯尔尼州旗手》，1521 年，19.1 厘米 ×10.6 厘米，木刻，美国国家美术馆

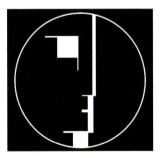

图 26　奥斯卡·施莱默设计，包豪斯标志，自 1922 年开始使用

图 27　盖拉多·斯塔尼尼,《圣母子》,约 1400 年,木板油画和镀金,23.7 厘米 ×41.4 厘米,克利夫兰艺术博物馆（笔者对图片做了去色处理）

图 28　安德烈亚·韦罗基奥,《圣母与坐着的圣婴》,约 1470 年,镶板蛋彩画,75.8 厘米 ×54.6 厘米,柏林国立博物馆（笔者对图片做了去色处理）

图 29　图 27 局部去色图

图 30　图 28 局部

图 31　图 11 局部

图 32　图 12 局部

　　两张作品中的圣母左手姿势相同,它们已经和圣婴形成一个封闭的面,所以,在第一张《岩间圣母》中,天使的右手显得"多余",不再在第二张作品中出现。在图 36 中,圣母左手的姿势和朝向大体不变（白色箭头）,然而,她的双膝向前弯曲,更能接受光的照射,立体感更强。天使的身体姿势改变,肩膀的轮廓线朝向基督（绿色箭头）。圣母腰间的衣服明度降低,它的走势与圣约翰的头部姿势方向一致（黄色箭头）,指向圣母的左手以及天使。在这张作品中,四个人脸部的明度变化有了更明显的等级区别（数字 1、2、3、4 表示明度从亮到暗的变化，另见图 12）。由于基督坐在地上，结合光线照射的方向以及他的姿势，他的脸部受光最少，明度最低。值得强调的是，当以往的宗教主题作品中都强调圣母子，此处的小基督却处于光线最少的地方。换言之，真实战胜了"象征"。结合图 34 的金字塔构图和图 36 来看，他左手手臂的明度与圣约翰身躯外轮廓明度呼应。另外，在图 34 中，增加的十字架还强调了金字塔的外立面，以及和它方向相同的圣母左手姿势（图 36 白色虚线箭头与图 34 十字架的长轴在二维平面上平行）。

还需要指出的是，第一张《岩间圣母》主要由红、绿、黄色组成，第二张作品主要由橙色和蓝色组成。虽然它们各自都运用了互补色形成对比，不同的是，前者的用色与第二时期艺术家的用色更相近，色彩的使用具有装饰性，而后者主要是利用同色相的明暗关系塑造空间关系。在第二张作品中，圣母和天使的衣服都有蓝色和橙色，由于圣母

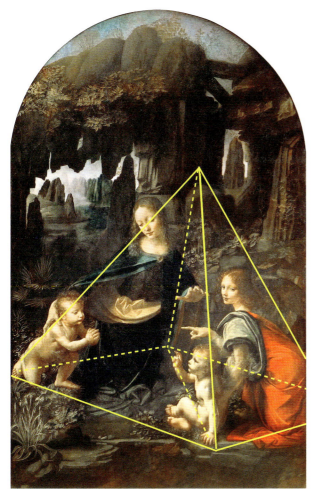

图 33　图 9 的形式分析图

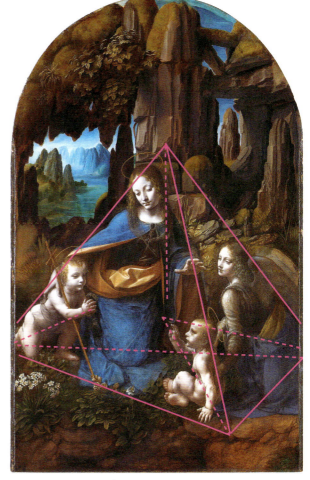

图 34　图 10 的形式分析图

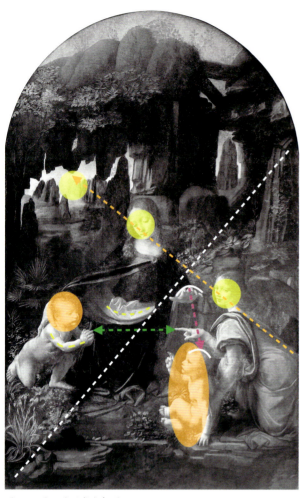

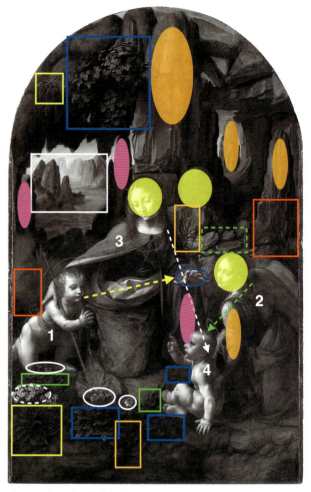

图 35　图 9 的形式分析图　　　　　　　　　图 36　图 10 的形式分析图

更接近光源，她身上衣服的明度比天使亮，纯度更高，形成从左到右，由明到暗的渐变。天使手臂的形状与她身后三个山峰形状相似（图 36 橙色椭圆形），这四个相似形状形成明度、大小的对比，也营造了空间深度的变化。事实上，莱奥纳尔多让天使的形象与身后的风景在颜色、形状上相似，有意弱化了天使的形象，让她与其他三位人物的主次关系更分明。图 36 中的紫红色椭圆形和黄色圆形也分别形成形状上的呼应关系，和明暗对比关系。远处高低起伏的山峦（白色方框）是由椭圆形组合而成的"面"，它们的明暗变化形成各自的量感，明暗对比则形成空间上的距离暗示。

　　另外，第二张作品中的植物也有营造深度的作用，对照原作（图 10），图 36 中的红色、黄色、橙色、绿色、蓝色实线方框圈出的植物，同色方框中的植物形状相似，明度不同。白色椭圆形中的花朵明度变化也形成空间暗示，白色虚线椭圆形中的花朵外轮廓与圣母左手外轮廓相似（蓝色虚线椭圆形）。蓝色方形中的植物叶子，它们和画面中央的石头形状相似（绿色虚线长方形）。除此，在第二张作品中，莱奥纳尔多还给圣母子和圣约翰三人头上添加了纤细的金属光环，它们的材质和颜色与圣约翰的十字架呼应。光环纤细的形状和明度，还和画面中其他事物精微的光形成呼应，例如圣母左手和圣婴举起的右手上精微的高光，圣母身后植物的光（橙色方框），圣约翰、圣婴头发上的高光（对比图 31 和图 32）等。

　　总的来看，第二张作品利用类似形状在画面中制造呼应关系，暗示空间变化，弱化了画面图案感的同时，也营造了画面的连贯统一。莱奥纳尔多在这张作品中对金字塔构图的修改，让此处几何立体空间关系更明晰。光线在不同高度人体上的明暗变化，在人物、景物、植物上的变化，形成差别和统一的关系，让作品看起来更真实可信。对比来看，第一张作品的空间关系与图案关系并存，而第二张作品中统一的空间深度关系凌驾于图案关系之上，因而，第二张《岩间圣母》比前者更写实，两张作品解决的是不同的形式问题。虽然莱奥纳尔多一生中真正完成的艺术作品不多，但是能对自我艺术形式进行革新，让艺术进入到下一阶段（第三时期）的发展，他当之无愧是瓦萨里所推崇的"现代"第一人。

（三）《蒙娜·丽莎》的形式分析

　　蒙娜·丽莎和波提切利笔下的年轻男子（图 37 和图 38）都以四分之三的侧脸面向观者，身子微侧，光线方向相同。对比图 39 和图 40 中，男子五官的轮廓和头发有着清晰的线条，而莱奥纳尔多运用渐隐法（sfumo），让色调相互柔和，因此，他描绘蒙娜·丽莎的线条是前者的背反，若隐若现，没有连续性。事实上，根据贡布里希的见解，波提切利再现的是"概念性图像"和客观"所知"，具有确定性。在面对莱奥纳尔多这张轮廓线含糊不清的作品时，除非观者能以"自然规律"去看待作品，考虑到光线的照射对人物看起来样子的影响，否则，容易导致解读的多义性。因此，莱奥纳尔多再现的是眼之"所见"（图 41、图 42），是"所知"的反题。另外，从局部来看（对比图 39 和图 40），年轻男子的立体感更强。

　　在图 43 中，由于蒙娜·丽莎侧身而坐，她左半边身子的视觉重力相对右侧更大。为此，莱奥纳尔多利用风景和明暗对比平衡这个视觉关系：首先，对照远处风景的地平线（橙色曲线 1）、阳台外轮廓（橙色曲线 2）、阳台内轮廓（绿色曲线）和黄色水平线（笔者添加的参照线）的关系，可以发现远处橙色地平线的轮廓线左高右低，阳台的橙色外轮廓线向画面右下方凹陷，绿色轮廓线微微弯曲。因此，两条橙色轮廓线的"变形"，形成向画面左上角和右下方的张力（橙色双向箭头）。在整张作品中，蒙娜·丽莎胸部的明度最亮，视觉力最强，它加强了这个方向的视觉张力（图 44 胸部区域橙色对角线）。

图 37　莱奥纳尔多·达·芬奇,《蒙娜·丽莎》, 约 1503—1506 年, 镶板油画, 77 厘米 ×53 厘米, 巴黎, 卢浮宫

另外，阳台橙色外轮廓向画面右下方"凹"的趋势还与蒙娜丽莎所坐圈椅的轮廓线有关（图43橙色弧线3），即画面中部的张力进一步向画面右下方延伸。

　　对照原图（图37）和图43，在画面左方风景区域的上半部分，结合地平线（橙色曲线1）的弧度变化，以及湖水左下方蓝色比右上方颜色深，湖水有向画面右上角方向蜿蜒的趋势。它蜿蜒的方向与蒙娜·丽莎灰白色的肩带方向平行（图44橙色斜线1和3），因此，图44中的三条橙色斜线与橙色双向箭头形成的张力方向构成对角线关系。另外，画面左边背景的"暗"与右边的"明"在明度上形成对比，前者和衣服上的投影形成呼应关系（两个蓝色虚线圆圈），后者和衣服的"明"形成呼应关系（两个黄色虚线圆圈）。背景的"暗"和衣服的"反光"形成对比（蓝色虚线圆圈1和黄色实线圆圈），背景的"明"和衣服的"暗"也形成一组对比（黄色虚线圆圈1和蓝色实线圆圈）。顺带一提的是，黄色虚线圆圈1中的山脉质地和女人右手衣服褶皱形状，左手手指形状相似（图47、图48）。

　　事实上，画面下方两个蓝色、黄色实线圆圈也形成明暗对比关系，因此，这六个圆圈总共组成三组张力关系。另外，它们还与蒙娜丽莎双手交叉的姿势（图44白色交叉箭头）形成呼应。四个绿色圆圈代表衣服、阳台和手的高光或亮部（绿色对角线）。所以，综上分析来看，这张作品的构图隐含了六组对角线关系，它们有着从橙色对角线、深紫色对角线、黄色和蓝色双向箭头组合而成的对角线，画面下方四个圆圈组成的对角线关系（黄色虚线圆圈2、蓝色虚线圆圈2、蓝色和黄色实线圆圈），绿色对角线，到白色对角线，它们的明暗对比程度和张力强度依次递减。

　　其次，对比图45阳台的内、外轮廓线关系，可以看到阳台亮部的形状（橙色曲线2和绿色曲线围合的区域）有从左向右变细的趋势，结合衣领轮廓线（紫红色弧线）和阳台外轮廓线（橙色弧线2）来看，它们从左向右，朝向人物左侧肩膀延伸（即上半身区域视觉重力最重的区域），"变形"的阳台轮廓线有加强人物胸部立体感和量感的作用。画面右侧地平线处的湖水形状（图46红色方框）有从左向右由细变粗的趋势，蜿蜒的山

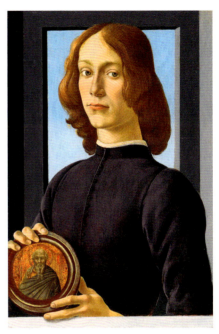

图38　波提切利，《年轻男子拿着勋章的肖像》，约1480—1485年，58.4厘米×39.4厘米，镶板蛋彩画，私人藏品

图 39　图 37 局部

图 40　图 38 局部

图 41　图 39 局部

图 42　图 17 局部

脉和河水形成 Z 字形的动态，结合地平线左高右低的趋势（图 45 橙色曲线 1），因此，河水有向画面下方垂直流淌的趋势，它的动态加强了画面右上方的视觉重力，与蓝色虚线方框山脉的垂直指向方向相反。

　　再者，在画面中部，莱奥纳尔多在蒙娜·丽莎右肩旁设置的山峦颜色较深（图 45 蓝色虚线方框），以此加强右肩上方的视觉重力，与量感相对较大左肩相平衡。阳台上有两个分别位于画面左、右方的柱头（图 46 数字 1、2），左方柱头的面积比右方大，颜色比右方深，因此，它也有加重画面左方视觉重力的作用。与蒙娜·丽莎右肩旁的风景、柱头在位置上相对的区域，是被透明衣服覆盖的左手手臂，前者的视觉重力比后者重，但后者的在明度上比前者暗，由此产生的视觉力与前者相平衡。所以，这张人物肖像作品虽然是静态的姿势，但是莱奥纳尔多以六组对角线的构图，结合明暗对比关系，让作品具有了层次丰富的动态效果。更重要的是，通过明暗对比形成的立体感，与第二时期艺术家作品中的立体感不同，后者犹如雕塑一般僵硬，前者更富有灵动和生气。

　　在图 46 中，3 个白色方框中的事物形状相似，从画面中央的柱头指向远处的风景，风景指向蒙娜·丽莎的头发。紫红色方框中的事物形状也相似，它们一并指向画面右方。所以，结合白色、紫红色、黄色、蓝色方框来看，它们一并指引观者看向女人的左肩。另外，女人右肩旁蜿蜒成 S 形的河水（图 49），上半个弧线指向她的右肩，下半个弧线与蒙娜·丽莎衣领弧线呼应（图 45 紫红色弧线）。在图 45 的白色方框中，河水蜿蜒的弧线指向蒙娜·丽莎灰白色的肩带，河水的质地凸显了肩带的立体感（图 50、图 51）。河水上有桥洞的桥与女人衣领纹样相似（图 46 蓝色方框，另见图 52 和图 53），衣领的褶皱和画面左方山脉的质地相似（图 46 黄色方框，另见图 54、图 55）。在图 45 中，有四条紫红色弧线，两条蓝色弧线分别相呼应（肩带与手腕处），白色圆圈中的形状也有相似性。

　　另外，蒙娜·丽莎肩带轮廓线延伸的方向和身后棕色土地轮廓线相连（图 45 蓝色

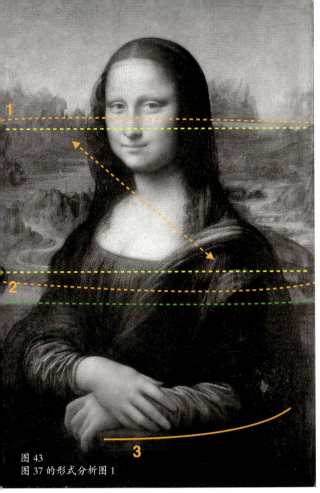

图 43
图 37 的形式分析图 1

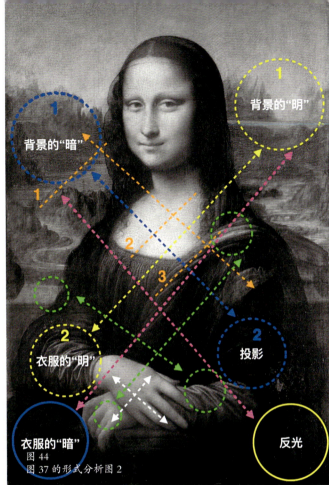

背景的"暗"

背景的"明"

衣服的"明"

投影

衣服的"暗"

反光

图 44
图 37 的形式分析图 2

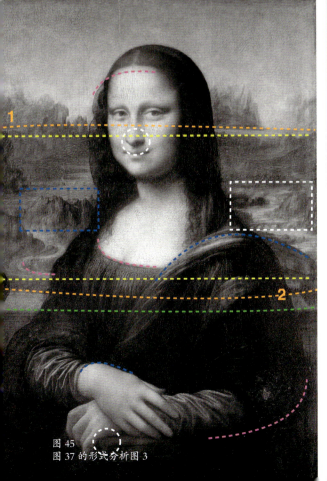

图 45
图 37 的形式分析图 3

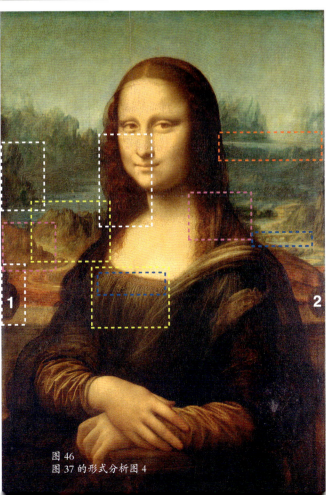

图 46
图 37 的形式分析图 4

图 47—57　图 37 局部

虚线弧线），它们削弱了左肩的立体感和视觉重力。棕色土地形状和两个手臂袖子形状相似、色相相近。因此，这些相似形状或形成前景和背景的呼应关系，或画面上方和下方的联系，它们加强了形式之间的连贯性和节奏感。除此，蒙娜·丽莎右手手指延伸的方向和左边衣袖褶皱方向一致（图56），引导观者看向左手手肘。在她透明衣服笼罩下，能看到若隐若现的白色褶皱，它的明度和阳台顶部灰白色明度相似（图57黄色方框），它们组成的弧线关系与肩带、土地组成的轮廓线呼应（两条紫红色弧线），形成空间上的延伸。综上来看这些缜密的形式关系构思，《蒙娜·丽莎》当之无愧成为时至今日，也仍然值得我们顶礼膜拜的杰作。

（四）两张《圣母的婚礼》的形式分析

拉斐尔·达·乌尔比诺（Raffaello da Urbino，1483—1520）师从彼得罗·佩鲁吉诺（Pietro Perugino），对比两人画的《圣母的婚礼》（图58、图59），构图相似，但是拉斐尔的作品更优雅。两张作品都完成于1504年，佩鲁吉诺的作品尺寸比拉斐尔的略大。比较图60和图61，佩鲁吉诺在前景中描绘了十四个人物，拉斐尔描绘了十三个人物。虽然两人作品中的人物数量相当，但是拉斐尔的作品看起来则相对没那么拥挤，这得益于他构图的巧妙。

按照人物与观者的距离，可以将他们分为五组。在佩鲁吉诺的作品中，按笔者添加的红色、黄色、绿色、蓝色和橙色圆圈的标识来看，各个组依次分别有三、二、二、六、一人，在拉斐尔的作品中，依次分别有一、三、四、一、四人。无论是从两组数据的对比来看，还是对比两张标识图来看，佩鲁吉诺作品中蓝色组的六个人在空间中一字排开的构图，都显得相对呆板，而且蓝色组的人物8和13，橙色组的人物14，他们在空间中的布置都体现了装饰艺术中"填腋原则"的使用。在拉斐尔的作品中，三个黄色圆圈和四个较小的绿色圆圈标识的人物，他们穿插布置、在绿色圆圈和橙色圆圈组之间，蓝色圆圈组唯一的人物9将绿色组和橙色组的人物空间距离隔开。由此，从绿色组到橙色组的空间距离拉大，可以看到橙色组人物的头部体积显著变小。因此，拉斐尔作品中的人物布局更有错落感。

两张作品中都有因求婚棒没有开花，而将棍子放在大腿上要折断棍子的人物，在佩鲁吉诺作品中，这个角色是属于绿色组的人物6，以及画面中景部分另一个求婚者（距离人物9较近）。在拉斐尔的作品中，这个角色则是离观者最近，属于红色组的人物1。在佩鲁吉诺作品中，人物6的棍子呈弧形，它与主持婚礼的人物7衣服胯部的黑色弧形方向相反。人物6和人物5的头部动态呈镜像对称，虽然有高低的不同，但是仍然相对呆板。在图62中，人物1折断的棍子轮廓线（白色虚线）呈V字形，约瑟夫与玛

图 58　彼得罗·佩鲁吉诺，《圣母的婚礼》，1500—1504 年，镶板油画，234 厘米 ×185 厘米，卡昂美术博物馆

图 59　拉斐尔，《圣母的婚礼》，1504 年，镶板油画，170 厘米 ×118 厘米，米兰，布雷拉美术馆

丽亚手臂动态构成组成的倒 V 形（白色实线）与前者方向相反。换言之，拉斐尔作品的叙事更具有戏剧性。

　　在图 60 中，对照长度相等的绿色双向箭头和建筑物的中轴线的关系，以及画面左侧绿色箭头和蓝色箭头的长度差，可以发现这张作品并不是左右对称构图，作品左半边的宽度略窄，而在图 61 中，两个等长蓝色双向箭头表明拉斐尔的作品是左右对称构图。在图 62 中，结合六个绿色圆圈、中景人物布置、动态的关系，和建筑物尺寸的关系来看，可以管窥到拉斐尔如何利用几何形状打破网格构图的规整但又不失尺度和秩序。另外，拉斐尔的作品看起来似乎是左右对称的，但是，从蓝色圆圈的位置来看，对比蓝色圆圈的蓝色中轴线和作品的红色中轴线，可以看到近景处的主要人物位于画面右方。其次，两个黄色三角形不仅有指示观者从左看向右方的作用，还和紫红色三角形一并划分人群的布置关系。对比图 58、图 60 人物的头部动态有着相似性（人物 2 和 10，人物

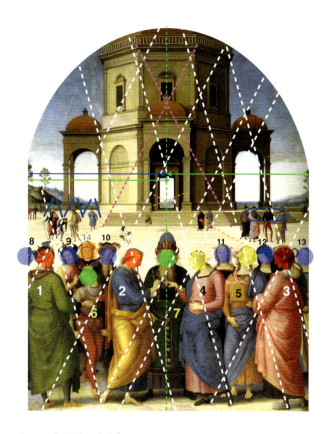

图 60　图 58 的形式分析图　　　　　　　　　图 61　图 59 的形式分析图

4 和 12，6 和 9，11 和 14）和对称关系（人物 1 和 3，2 和 4，4 和 5，9 和 10，10 和
12），换言之，人群的布置仍然受网格的影响，具有装饰性（白色虚线网格）。但是，
在拉斐尔的作品中，位于画面中间的人物 7 头部向约瑟夫一方打侧，这个偶然性的动作
打破了画面左右对称的呆板，让画面更接近生活中的场景，具有动感。

　　在图 61 中，人物的外轮廓仍然是三角形，但是三个白色三角形的形状并不均衡，
而且，拉斐尔消除了有对角线关系的姿势和网格的影响（图 60），因此，拉斐尔作品
中的人物在动态上的差异化，更贴近生活。另外，对照两张作品近景处人物脚部姿势和
阴影关系，佩鲁吉诺的处理方式较为呆板，在图 60 中，人物 1 和人物 3，人物 2 和人
物 4 的脚，人物 7 的双脚，他们的脚部姿势形成对称关系，人物的阴影几乎在一条斜线上。
在拉斐尔的作品中，人物 2、人物 3、人物 7 的脚部姿势和人物 1、人物 4 的影子形成
三角形构图，人物 2、人物 3 露出来的三只脚微妙的姿势变化，在空间中形成节奏变化。

图 62　图 59 的形式分析图

图 63　图 58 去色图

人物 1、人物 4 左脚姿势相同，右脚姿势不同。人物 4 的右脚姿势和人物 7 左脚姿势形成对称关系。人物 7 双脚姿势衔接他们四个人的脚部姿势和阴影。而且，阴影有浓淡变化，形状不规则。可见，拉斐尔在遵循几何构图的基础上，微妙打破了几何构图僵硬的束缚，让作品静中有动。

　　对比光线入射的角度，在佩鲁吉诺的作品中（图 60），光线从画面左方入射，建筑物亮部的视觉力较大，因此，在建筑的亮部前方，佩鲁吉诺设置了四个人物，并利用他们的动态（蓝色三角形波浪线）缓和光线直接入射带来的视觉力，而且，作品左半边的距离比右半边距离短，中景右方的四个人，他们虽然分散站立，但是他们围成圆形，和建筑物阶梯的暗部一起加强了画面右上方的视觉重力。事实上，在前景中，画面左边也比右边多一人。而在近景处，由于左下方人物 1 背对观者的姿势挡住了部分光线，因此，右下方人物衣服的明度更亮（另见图 63），佩鲁吉诺以此加强了此处的视觉力。所以，这张作品的明暗关系也受对角线影响，形成张力。

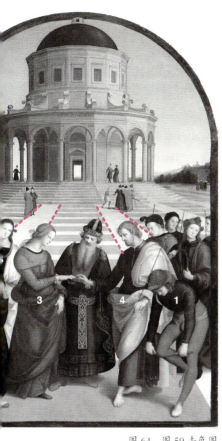

图 64　图 59 去色图

在拉斐尔的作品中（图 61），光线从右方入射。但是，建筑物一层有七个立面，因此，光线直接入射的视觉力被缓和。在画面左方，远景中的山脉（橙色方框）颜色比右侧深，体积比右方大，因此，它加重了画面左上方的视觉重力。无论在近景还是中景区域，右边的人数都比左边多，他们的视觉重力与画面左上方的视觉重力呼应。在作品下方还有一条向画面右上方倾斜的轮廓线（绿色斜线），而且，人物 2、人物 6 大面积的深色衣服进一步加强了画面左下方的视觉力，与画面右上方建筑的亮部形成对角线上的呼应关系。

另外，对照图 59 和相应的去色图（图 64），人物 1 号身的姿势，凸显了落在约瑟夫上半身黄色衣服上的光线。约瑟夫衣服明亮的黄色与人物 1 深绿色衣服的"暗"形成鲜明对比，拉斐尔利用光和颜色或暗示或强调约瑟夫是上天选中的人。人物 2 身躯的朝向和建筑物亮部朝向相同，她和人物 6 白色衣服亮部和建筑物的亮部相呼应。另外，在这张作品中，人物 4 衣服的黄色饱和度更高，有从背景中更为凸显的作用，从而加大近景与远景建筑物空间上的距离关系，形成深度。

对比图 60 和图 61 的透视关系，佩鲁吉诺作品的橙色透视线交点聚焦在建筑物通往远景的小门中，拉斐尔的作品亦如此（蓝色小圆点）。然而，对比建筑物楼梯和建筑物的关系来看，佩鲁吉诺的建筑设计较为简单（紫红色线），紫红色相交线止于橙色拱顶。拉斐尔的设计更为复杂（白色相交线），这不仅考验艺术家处理建筑物和画面其他事物的形式关系，更重要的是，在白色相交线交点（红色小圆点）的上方，有拉斐尔的署名"RAPHAEL VRBINAS"和罗马数字 MDIIII，即 1503 年。换言之，白色相交线还有引导观者从红色小圆点进一步看向建筑物上方，看到艺术家签名的作用，这又体现了拉斐尔别具匠心的构思。

另外，对比建筑物和画面尺寸的关系来看，佩鲁吉诺作品中的建筑物几乎占据画面一半空间，拉斐尔作品中的建筑物则占据三分之一左右的空间，而且在样式上有更多的曲线、立面变化，以及细节上的装饰，比佩鲁吉诺笨重的建筑看起来更优美。在佩鲁吉诺的建筑中央，只看到内外两层拱门，但在拉斐尔的作品中，可以看到三层拱门，空间关系上的层次更多。除此，拉斐尔完整再现了建筑物的全貌，也加大了建筑物和近景人物的距离，因此，他的作品虽然在尺度上比佩鲁吉诺的小，但是从画内空间的开阔性以及构建的空间层次而言，要远胜于他的老师佩鲁吉诺。另外，在图 62 中，可以看到广场地砖图案形成的紫红色三角形和橙色三角形，都有助于引导观者从近景的人群看向中景、远景的事物，所以，对照佩鲁吉诺的作品来看，这也是拉斐尔打破老师呆板构图的重要构思所在。

拉斐尔的作品以和谐的构图和鲜明的颜色著称，在用色上，拉斐尔也有与他老师不同的地方。对比两人的作品，近景处人物衣物的颜色主要由红、黄、蓝、绿组成，但是，佩鲁吉诺的色彩饱和度和纯度都相对低，装饰性相对较强。对照原图和去色图（图63）来看，比较近景、中景和远景三部分，地面上的明度最亮，远景建筑物的黑白灰关系比近景人群的更分明。拉斐尔作品中的色彩饱和度相对更高，或者添加白色（如人物2），提高明度。对照师徒二人作品的去色图（图 63、图 64），拉斐尔作品中的中、远景明暗关系过渡自然，与近景处明暗关系相比，后两者退居次要地位，更能凸显近景区域的主导地位。

在近景处（图 64），主要人物包括人物 1 至人物 6，他们与其他八个人在体积大小上有着明显的区别。人物 6 和约瑟夫的头部与米色地砖重叠，地砖的透视线与远景中的建筑物相关联，人物 2、人物 6 浅色衣服的明度与梯形（紫红色线）颜色明度接近，与米色地砖相融合，有利于加强空间的纵深关系，并突出她们身旁的玛利亚。约瑟夫周围人群的衣服明度较暗，他黄色衣服的明暗关系，一方面让他在人群中更突出，另一方面也与米色地砖、远方建筑物的明暗关系相协调，同样也有利于加强他与后面地砖、建筑物的纵深关系。

在原图中（图 59），玛利亚和约瑟夫的衣服着色较为独特，约瑟夫的黄色、蓝绿色衣服与玛利亚的蓝、红色衣服形成互补色对比。人物 7 位于玛利亚和约瑟夫之间，他身上衣服的红、绿、紫色衣服与主角衣物颜色呼应，明度和饱和度不同，既能做到协调一致，又能形成差异化对比。人物 8 的蓝紫色衣服更能凸显约瑟夫的黄色衣服，人物 1 的姿势和他红、绿色衣服不仅表现了他的内心活动，也以弯腰的姿势暗示了一种不甘心的"折服"心理活动。至于其他次要人物，他们的衣服主要有红色（人物 5 和人物 9）、蓝色和黑色，同类相聚，又与前面的六个人物形成主次关系。

（五）《雅典学园》的形式分析

《雅典学园》是拉斐尔的重要代表作之一（图 65），它严格遵循了单点透视，透视线的交点落在柏拉图和亚里士多德之间（图 66 白色圆点）。画中描绘了五十八个人物，

图 65 拉斐尔，《雅典学园》，1509 年，湿壁画，500 厘米 ×770 厘米，梵蒂冈博物馆

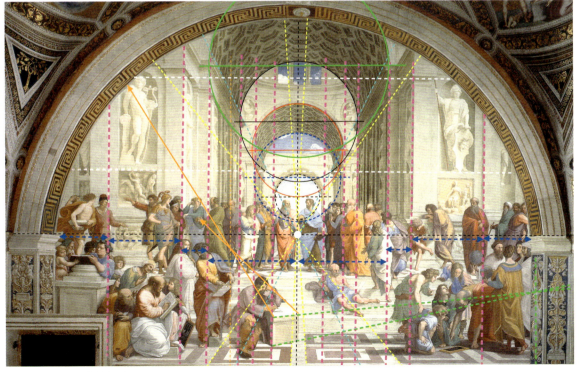

图 66 图 65 的形式分析图

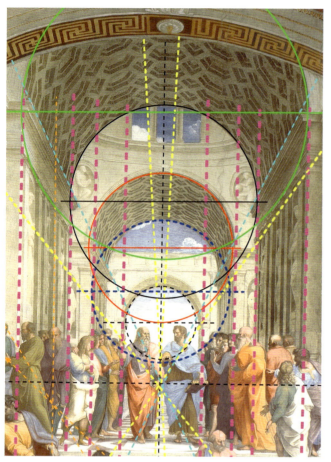

图 67　图 65 局部的形式分析图

图 68　图 67 局部

　　他们的构图关系首先受来自建筑物模块关系的网格影响（紫红色纵轴线）。以黑色中轴线为分割线，可以发现左右两边位置相对应的蓝色双向箭头长度相等。也就是说，《雅典学园》中的建筑结构也有左右对称的关系。这张作品再现了三个拱门（图 67 中的五个圆圈），在图 68 中，最小圆圈（黑色虚线圆圈）的轮廓线恰好将柏拉图衣领轮廓和亚里士多德伸出去的右手姿势相关联，湖蓝色透视线与两人脸部轮廓线平行。

　　值得注意的是，在图 67 中，绿色、红色实线圆圈和黑色虚线圆圈的直径并没有与拱门两边的建筑结构处于同一平面（如，绿色、红色水平线），左边建筑结构高于右方。另见图 66 中的两条白色横轴线与外立面的关系，外立面墙也没有遵循左右对称的原则。这是因为光线从作品的右方进入画内空间，画面左方的明度更亮，视觉力更大，因此，拉斐尔此处细微的设计，是为了加强画面右方的视觉重力。在图 69 中，画面右方的美杜莎（雕塑 3 中的盾牌）呐喊的表情产生的视觉力（蓝色虚线箭头）与光线的入射方向呈对角线关系，形成张力，从而加强画面右方的视觉力，与画面左边的视觉力相平衡。

虽然建筑结构有着左右横向宽度对称的关系，然而人物的组合却力图打破这种呆板的几何构图，形成动感。结合建筑结构（图 66 紫红色纵轴线）可以将五十八个人物划分为 17 组（在图 69 中，柏拉图和亚里士多德为一组，其他组别以英文 A 至 H，a 至 h 标识）。有意思的是，柏拉图位于画面左方，他的脸部直面光线，而亚里士多德的头部姿势，导致半边侧脸被光线照耀，另一侧脸在阴影中。这似乎有暗示的意味，亚里士多德的学说，既有源自柏拉图的内容，又有不认同老师的内容。

光线从画面右方照入，柏拉图和亚里士多德身旁的两组人物（图 69，A 和 a），他们的外轮廓形成方向相反的黑色三角形。人物组 B、b（绿色虚线角）的朝向不同（前者朝向观者，后者反之），人物组 C 的橙色三角形构图和人物组 c 的三角形方向相反。人物组 D 和 d 的构图并没有关联，但是他们的构图分别和对方身后墙上的浮雕构图呼应，人物组 D 与雕塑 4 都有绿色实线三角形构图，人物组 d 与雕塑 2 都有网格构图。最后，在这一水平空间的两端，人物组 E 和 e 的构图（红色三角形）方向也相反。

接着，在离观者最近的空间区域，人物组 F、f、g 的紫红色椭圆形构图呼应。人物组 H 由画面左方三个人物（H1、H2、H3）组成，他们形成的倾斜线方向和人物 h 倚靠在楼梯上的坐姿方向相似，所以人物组 H 和人物 h 融合为一个蓝色三角形构图，与人物组 G 的红色三角形构图呼应，方向相反。另外，离观者最近的这几组人群的外轮廓（黄色三角形波浪线），也形成呼应。五十八个人物的组合构图并没有形成混乱，而是在建筑空间的几何秩序中，形成动态的呼应关系，让观者仿佛听到他们讨论学术问题的声音。

除此，建筑结构还加强了人物组之间的关联，墙上雕塑姿势也与建筑、人物组合有关系：柏拉图指向天空的手部姿势与拱门 1 的轮廓重合（图 69 紫红色弧线箭头），顺着拱门的弧线，另一侧拱门的轮廓与亚里士多德左手的方向重合（紫红色直线箭头）。亚里士多德伸向前方的右手姿势（橙色箭头）指引观者看向楼梯区域的人物 h。人物 h 的衣服沿着楼梯的水平线指向画面左方，他的左脚与人物组 c 的脚部阴影相连接。人物组 c 中的两个人物，他们的三个手部姿势分别指向人物 h 和远处的人物组 a，顺着人物组 a 的手部姿势，引导观者看到亚里士多德。

人物 h 还是关联楼梯上方和下方空间的重要节点，他身躯的姿势和人物 H1 身躯姿势方向相反。顺着透视线（红色箭头），他们共同指向柏拉图和亚里士多德。人物 H1 和 H2 头部形象相似，而 H2 扭头看向人物组 G。因此，拉斐尔巧妙地通过人物 H2 让观者看向画面左下角。另外，在图 66 中，还能看到画面中央这个建筑方块是两点透视，绿色透视线指向画面右方，引导观者看向人物组 g 和 f，橙色透视线指向画面左上方的人物组 C。有意思的是，橙色箭头恰好关联了雕塑 1 和 C 组中以手臂支撑头部的人，他们俯视的视线相同，甚至一边肩膀高，另一边肩膀低的姿势也类似。

图 69　图 65 的形式分析图

　　在图 69 中，墙面 1 中的雕塑 1 和墙面 2 的雕塑 3 在身躯姿势上类似，都是右肩上扬，重力落在左脚上，这个姿势有助于加强画面横向空间的联系，也能关联画面上方和中部的空间。在墙 1 上的浮雕 5，人物姿势形成的紫红色椭圆形与人物组 F 的椭圆形构图呼应。人物组 F 倚靠的建筑物结构由圆柱体和方块组合而成，它们和中央的建筑方块，方块上的圆柱墨水瓶（紫

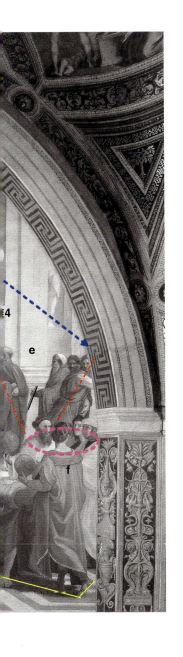

红色实线椭圆形）呼应。墨水瓶继而和画面右方有着椭圆形构图的人物组 g、人物组 f 呼应。在画面右方，在雕塑 3 盾牌中的美杜莎，其表情引导观者看向人物组 e。而雕塑 3 和人物组 e 中人物拿着的杠子（黑色斜线），它们的方向分别与人物组 g 中的圆规脚平行。另外，在画面中央的上方，墙面 5 的雕塑仰头的姿势顺着拱顶 3 的轮廓线方向（橙色弧线箭头），指向墙面 6 的雕塑。后者看向墙面 4，引导观者看向柏拉图等人所在的空间（即拱 3 垂直下方的空间）。事实上，在不起眼的地方，例如，在转角 1、转角 2、墙 3、墙 4、墙 7、墙 8 处，雕塑的视线和头部姿势的方向，都有引导观看的作用。

瓦萨里在《名人传》中如此评价拉斐尔的艺术作品[4]：

在第三时期艺术家中，拉斐尔·达·乌尔比诺作品中的优雅最为突出，他考察、研究了早期和稍晚时期艺术家的作品，从中吸收了最好的优点，将它们相融合，改进了古代艺术家阿佩莱斯和宙克西斯笔下人物的完美。不仅如此，我们还可以说，拉斐尔的作品可以与那些古代大师的相媲美，将它们相提并论。拉斐尔作品的用色已经超越了自然本身，他的发明十分轻松、新颖，每一个看过他作品的人都能察觉到，他作品中的发明轻松、恰当，叙事部分与清晰易读的著作相似。在他的作品中，建筑物和它们所处的场所，以及它们周遭的事物，都与那个地方本身相同。无论是描绘本地人或外地人，拉斐尔都能再现他们的特征、服饰以及所有独特之处，令人愉悦，还有可以相比拟的舒缓。拉斐尔赋予人物面容最完美的优雅，忠实再现它们。无论是年轻人还是老人，男人还是女人，拉斐尔笔下的每一个人都有恰当的性格，他给谦虚的人谦恭的表情，给放肆的人不受拘束的神色。他画的小孩让我们为之着迷，有些有着精致美丽的眼睛和表情，有些则有着充满生气的动态和优雅的姿势。拉斐尔画的衣服褶皱既不过分鲜艳、繁复，也不过于朴素、单薄，没有那么复杂或混乱，全部如同它们实际展现的样子，以这样的方式布置和安排。

换言之，瓦萨里认为拉斐尔通过将古代大师的优点汇聚在一起，使得作品更为完美，这里瓦萨里一方面仍然从亚里士多德的殊相和共相的观念看待不同艺术大师作品的优点，另一方面，则指出拉斐尔的作品汇聚了这些殊相的优点，作品最优雅和优美。因此，拉斐尔的艺术成绩与古代画家阿佩莱斯、宙克西斯的相对应，他们分别擅长用线条和明暗对照法中的明度变化来塑造立体感（另见本书第一章）。其次，拉斐尔在用色上已经超越了自然。再者，在发明和叙事上，他的作品就像"清晰易读的著作"，这些都体现了瓦萨里将绘画的发明和修辞的发明（invention）相类比，指出拉斐尔作品风格的清晰。

另外，在瓦萨里看来，拉斐尔已经能描绘不同地域、年龄、性别、性格的人，赋予他们相应的特征，服饰的褶皱也在简单和复杂之间实现平衡。倘若对照老普林尼的艺术进步观，古希腊的绘画和青铜雕塑在公元前 5 世纪至公元前 4 世纪的平行发展：首先是单色画家欧玛罗斯在绘画中区分了男女，他还尝试模仿所有姿势。基蒙在欧玛罗斯的基础上，发明了短缩法，表现了从后面看、仰视或俯视的姿势。他所画的人体，肢体连贯，血脉突起，褶皱起伏蜿蜒。波吕格诺图改良了细节，如结构清晰的装饰，不同颜色的妇女头饰。他是第一位画张嘴、显露牙齿的画家，他的作品使得僵硬的古风艺术有了多样性的变化。[5] 可见，在老普林尼看来，绘画艺术的发展，是通过区分特征，表现不同的观看视角、解剖学层面的细节、服饰的细节、表情的变化，逐步从几何风格走向自然写实，从而达到完美。因此，瓦萨里认为拉斐尔可以和古代大师相媲美，相当于他在以上老普林尼提及的这些方面都做到了完美。

（六）米开朗琪罗作品的形式分析

瓦萨里认为米开朗琪罗（Michelangelo Buonarroti，1475—1564）是当时在世艺术家中，唯一超越所有古今艺术家，超越自然的"神圣"艺术家。比较拉斐尔和米开朗琪罗的两张描绘人物处于户外空间的作品（图 70、图 71），在图 72 中，拉斐尔的作品虽然有网格构图（白色、橙色线），然而，却没有给

---

[5] Pliny. *Natural History*, XXXV, 55–58.

图 70 拉斐尔，《阿尔巴圣母玛利亚》，约 1510 年，油画，径 94.5 厘米，美国国家美术馆

图 71 米开朗琪罗，《神圣家庭和婴儿圣约翰》，1503 或 1504 年，镶板蛋彩画，垂直直径 91 厘米，水平直径 80 厘米，乌菲齐美术馆

我们僵硬的感觉，因为，他已经能通过明暗关系表现光影，结合解剖学的知识，弱化这些网格线构图产生的僵硬感。图 72 中的绿色圆圈和紫色圆圈分别代表"明"和"暗"的部位，而且，他已经能利用透视短缩，真实再现"眼睛不喜欢的角度"，如圣母朝向观者的左膝盖，左脚脚趾，圣母微弯曲的左手手腕，圣婴握着十字架的右手，圣婴的右脚，圣约翰的右肩膀和右膝盖。

在米开朗琪罗这张作品中（图 73），他描绘了九个有着不同姿势的人物。绿色圆圈圈出来的部位，是不容易表现的人体角度。只要对比古希腊艺术作品中人体的侧面像（图 74），即能知道米开朗琪罗选择的这些角度，都是古代艺术作品回避或尚未能解决写实表现的角度。换言之，米开朗琪罗的艺术造诣已经达到能选择最高难度来攻克的程度。在图 73 中，圣母靠在约瑟夫身上，上半身躯干向后拉伸，她的双腿朝向反方向，此时她的动作以左

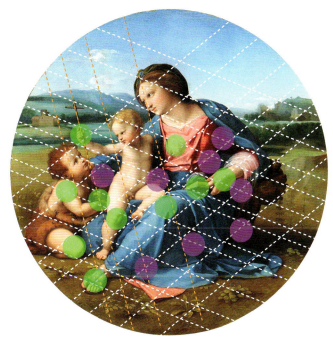

图 72 图 70 的形式分析图

图 73　图 71 的形式分析图

边臀部为支点，脖子和右手臂肌肉都紧绷，右手手腕向后扭转，手腕肌肉也相应被压缩（四个红色圆点）。倘若圣婴保持画面中的这个姿势，他的脖子、腰部（2 个红色圆点）和膝盖部位的肌肉也被压缩。身躯前倾的约瑟夫既要支撑着圣母，同时还要托举圣婴，因此，这三人的组合犹如一个坚固的金字塔立体。米开朗琪罗有不少素描作品，人物看起来是静态的姿势，有着犹如雕塑一般的坚固感，然而，米开朗琪罗却想通过他们扭动身躯，压缩肌肉的姿势制造张力，例如图 75。

　　有意思的是，画面背景中的人物跟前景中三位主角的呼应关系：在图 73 中，近景中三个主人公的视线和人物 3、人物 4、人物 5 的视线组合相类似（两组紫红色单向、双向箭头）。人物 1、人物 2 俯视的视线和圣约翰仰视的视线方向相反（蓝色虚线箭头）。人物 3 的坐姿使得他右边臀部和左边的脖子受力（红色圆点），左手臂肌肉绷紧，圣母身体受力的地方与他方向相反。人物 3 左手拽衣物的力（黑色虚线箭头）正如圣母身躯向后靠的力，只是两者方向不同，前者还有指示看向圣家族的作用。人物 3 的白色衣服被人物 5 坐着，白色衣服因此处于紧绷状态，被双向拉扯（黑色双向箭头）。圣婴踩在圣母手臂上的力，与约瑟夫托举他的力方向相反（黑色实线箭头），它们与黑色双向箭头产生的力呼应。圣婴右半边身躯和右大腿一起压缩腰部的力，与黑色双向箭头力的方向相反。

位于画面右方的人物 4、人物 5 的坐姿和他们坐着的衣服，构成三角形，有三角形的稳定感，与约瑟夫在前景中的形象相似。衣服的蓝色轮廓线也与约瑟夫双腿衣服轮廓线相似，方向相反。右方远景的山，山顶外轮廓与约瑟夫头部轮廓相似（橙色弧线），山体的形状与约瑟夫左手臂形状相似（黄色椭圆），两者有隆起和凹陷、坚硬与柔软的对比。三个紫红色方框中的事物形状相似，连通了画面左方的上、中、下三个区域。在画面左下角的两个紫红色椭圆形中，白色轮廓线也形成呼应关系。近景草地上的三角形黄色衣服与人物 2 脚边的三角形光影呼应（两个蓝色角）。在画面底端和画面右方中间，有两株相似的小草（白色方框），它们分别指向画面的左方和右方。在画面右方中部，圣约翰扛着的枝条指向远处的人物（红色虚线箭头）。枝条末端的分叉和人物 4 脚趾头姿势相似（两个橙色圆圈，另见图 76）。

在图 76 中，画面两个阳台将作品的空间划分为三部分（参考笔者添加的黑色水平横向线），在画面下方，圣母双膝盖的姿势形成空间上的前后变化。依据它们和附近事物的关系，笔者在此处添加了紫红色、红色弧线，将它们和两个阳台的内外轮廓线相对照（画面上方的红色、紫红色弧线，画面中部的绿色、蓝色弧线），这些弧线相对于黑色水平线而言，更能凸显人物姿势形成的张力（红色、紫红色、绿色和蓝色箭头）。对照拉斐尔作品中的地平线与人物姿势产生的平和效果（图 70、图 71），米开朗琪罗在这张作品中想塑造的却是类似曲面镜收窄视域，强调画面中心人物的效果。所以，人物姿势还与弧线的弯曲方向有关（图 76）。

米开朗琪罗虽然利用人体的姿势，将他们三人组合为类似金字塔那样的立体，然而，这并不符合真实生活场景中人们惯常动

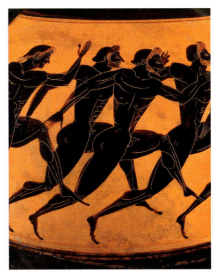

图 74 《泛雅典娜奖双耳瓶》（局部），约公元前 530 年，无釉赤陶瓶，62.2 厘米高，大都会艺术博物馆

图 75 米开朗琪罗，《坐着的年轻男性裸体研究》，1510—1511 年，素描，阿尔贝蒂纳博物馆

图 76　图 71 的形式分析图

作中的姿势。文杜里认为，米开朗琪罗没有真正创造的源头——"创造性的想象力"。[6] 文杜里所说的想象与西塞罗援引菲迪亚斯制造宙斯的神像例子有关，这种想象是一种非源于现实，不按客观模仿自然的想象。[7] 在拉丁文中，*cogitatio* 一词，既有构思之义，也有想象的含义。[8] 想象出来的事物，既可以是"可能存在的事物"，也可以是"不可能存在的事物"。[9] 修辞学五艺中的 *inventio*（发明）是"对真实的或者似乎是真实的主题的构思（*excogitatio*），使人们信以为真"。[10] 维特鲁威认为，建筑六原则中的 *dispositio*（布置）源于 *cogitatio*（构思 / 想象）和 *inventione*（发明）。[11] 再现"真实事物"与再现"可能发生的"事物，在维特鲁威看来，都属于正确（*emendatus*, right）的范畴，遵循了得体原则。那些将"想象"用于描绘不可能存在的事物，或自相矛盾的事物，则属于后人所说的怪诞（*grotesque*）范畴，即 15 世纪文艺复兴时期人所说的 *grottesco*。所以，佛罗伦萨画派艺术家再现的是"可能存在的事物"，而在下一章节要讨论的威尼斯画派，他们再现的是"不可能存在的事物"。

[6] 艺术批评史[M]: 96—97。

[7] Cicero. *Orator*, ii.7–10.

[8] *Oxford Latin Dictionary*[M]. 2nd. P.G.W.Glare. ed. Oxford University Press, 2012: 377.

[9] Aristotle. *On the soul*. 413b10, 427a17 ff, 427b10.

[10] Cicero. *Rhetorica ad Herennium*.I.2.3.

[11] Vitruvius. I. 2.

第四章

威尼斯画派的
艺术风格：
以乔尔乔内、柯勒乔、
提香和丁托列托
的作品为例

图 1　乔尔乔内，《暴风雨》，约 1508 年，镶板油画，83 厘米 ×73 厘米，威尼斯学院美术馆

要更好地认识文艺复兴时期的艺术风格发展，不能不讨论与佛罗伦萨画派风格构成反题关系的威尼斯画派风格。在前者的作品中，与建筑透视有关的线条主导作品的形式关系，在威尼斯画派的作品中，光的主导作用打破了佛罗伦萨画派风格的秩序感和稳定性，带来强烈的动感，不再拘泥于再现，走向表现。瓦萨里在《名人传》提到他对威尼斯画派艺术家，如乔尔乔内、提香、柯勒乔以及丁托列托等人作品的看法，他们的艺术风格是对瓦萨里艺术标准的背反，本文将分析这几位艺术家作品的风格特征与佛罗伦萨画派风格的不同。

一、乔尔乔内与柯勒乔作品的形式分析

乔尔乔内（Giorgione，约 1477—1510）是文艺复兴盛期威尼斯画派的重要艺术家之一，瓦萨里将莱奥纳尔多与他都看作是现代绘画的奠基人，他描绘田园风光的作品《暴风雨》是威尼斯画派这一类型绘画的重要代表（图 1）。威尼斯画派和佛罗伦萨画派都利用相类似的形状营造画面上的节奏关系，在图 2 中，建筑物 1 矮墩部分的亮部和女人右脚的亮部形状相似，指向相同（橙色圆圈），如果以它们之间的连线为分界线，以桥面为另一条分界线，可以粗略地将作品中的空间划分为近景、中景和远景三部分（橙色双向箭头）。乔尔乔内以相类似的形状将三个区域的事物相衔接。

在近景处，男人脚部的阴影与地上白色三角形的轮廓线相连，指向深色水潭（白色箭头，紫红色三角），它们一并指向画面右侧的黄色三角形沙地，后者的形状与作品左上角植物的外轮廓上形成呼应（黄色三角形），方向不同。深色水潭的轮廓还和中景处河水的轮廓相似（紫红色三角形），以此连通近景中部和远景。男人双脚姿势形成的轮廓与树木 2 树干相似（橙色方框），他手持的棍子与树木 1 的树干平行，形成前景和中景空间关系的联系。男人头部外轮廓与作品右上角的树木 2 外轮廓相似（蓝色虚线方框），指向相反（黄色箭头）。他左手臂姿势形成紫红色弧线与他身旁草丛的弧线，它们在水平空间上形成连续关系，指向近景右侧的小山坡。建筑物 1 矮墩部分与女人右脚的明度、形状相似（橙色椭圆形），它们进一步加强了左、右方事物的联系。

女人所在的小山坡有一个明显的蓝色弧形土块，它的外轮廓与女人头部轮廓，披在她肩上的白色衣服轮廓，中景处建筑物 2 的拱形轮廓，以及远景处建筑物 3 的外轮廓呼

图 2　图 1 的形式分析图

图 3　图 1 去色图

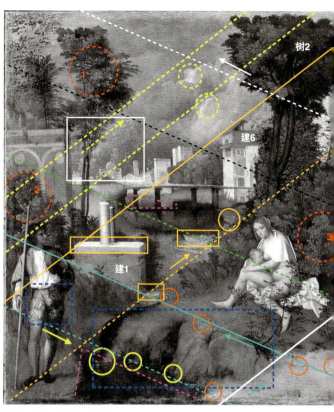

图 4　图 1 的形式分析图

应（三个黄色方框）。建筑物 2 的两个白色圆拱形的外轮廓，与婴儿头部和乳房的外轮廓连线相似，女人乳房的立体感和明暗关系，与建筑物 3 圆球屋顶呼应。男人白色衣服的三角形轮廓和女人坐着的白布轮廓呼应（白色实线三角形）。女人身后植物的三角形轮廓和她双腿的三角形轮廓呼应（白色虚线三角形），它们形成逆时针旋转的动态，指向中景处的树木 2。这三个白色虚线三角形还和远景建筑物 3 旁边的草丛轮廓，建筑物 4 的三角形屋顶轮廓呼应（两个白色三角形）。女人身旁的草堆向画面左上角方向指去，与远景树林的指示方向一致（两个绿色方框）。另外，女人左脚所指的植物（紫红色圆圈）在近景、中景和远景处都有同类植物与之呼应，白色、绿色圆圈中的植物也如此。

　　建筑物 1 顶部的两个圆柱形与桥底下重叠的支柱呼应（蓝色实线方框），建筑物 1 的方形主体与它旁边的建筑物 2，以及远景处的建筑物 5 的三个方形体呼应。中景处注地的轮廓与河水岸边轮廓呼应（白色弧线）。桥面入口的三角形轮廓与近景处小山坡的轮廓呼应（两个绿色角）。中景处的建筑物 2 和远景建筑物 4、6 都有倾斜的外轮廓（三条红色斜线）。在画面上方，树木 1 和树木 2 的白色凹角形成对称，它们在高空中形成

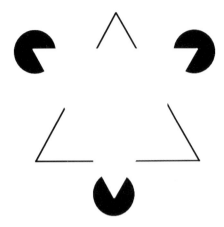

图 5 "看不见"三角形

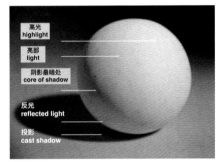

高光
highlight

亮部
light

阴影最暗处
core of shadow

反光
reflected light

投影
cast shadow

图 6 明暗对比

呼应（白色双向箭头）。天空中的闪电（紫红色方框）与建筑4、5的轮廓呼应（紫红色线条）。因此，这张作品在纵向空间上的划分虽然并不泾渭分明，但是以上这些形式衔接了近景、中景和远景的空间关系。

需要强调的是，虽然此处笔者以两个橙色双向箭头作为划分画面近景、中景和远景空间的参考坐标，然而，它们并不能在画面横向方向上将事物相串联，即使从它的对角线构图来看（图4），也没有像佛罗伦萨画派作品那样，依托线条形成连贯性。虽然佛罗伦萨画派的作品也有网格构图，但两者有着本质上的不同。佛罗伦萨画派作品中的网格线与建筑物的透视线紧密相关，它们对作品中的所有形式起着决定性的作用（如马萨乔《圣三位一体》中圣母受透视线影响而看起来变形的脸），其次，形式之间的连贯性与线条紧密相关（如拉斐尔的《雅典学园》通过线条将五十八个人物相关联）。在威尼斯画派的艺术作品中，起决定作用的是光（对比图1和图3）。

首先，在图2中，建筑物1的矮墩上有一个三角形的亮部，它的形状、方向与女人右脚亮部的形状、方向相似（橙色椭圆形），作品右下角的三角形沙地（黄色三角形）也与它们形成呼应关系，它们与男人位于亮部的三角形鼻子方向相反（另见图9）。建筑物1左方的梯形亮部（图2黄色圆圈）和男人白色衣服（不含袖子）形状相似，方向相反。男人左小腿上的亮部与女人左脚亮部在形状和方向上大致相同（红色方框）。在这个形式之间，它们没有线条将它们相关联，因此，当观者运作自身的知觉系统，就像能知觉到图5中的错觉三角形那样，将以上这几个形式相关联，就能让它们具有连贯性。

其次，这些有着相似明度和形状的形式，还能将画面的空间关系相衔接。在近景处，一束光照在男人的小腿上（图4黄色实线箭头），引导观者看向近处的深色水潭。接着，水潭中的三处光（黄色圆圈，另见图18）指向画面右下角的沙地。沿着湖蓝色实线网格线，沙地上的水珠与草地上的水珠呼应（图4红色实线圆圈）。男人裤衩的形状和明暗关系与他身旁山坡的立面在立体感和明暗关系上相似，形成镜像对称（蓝色方框）。接着，建筑物1受光的部分（两个一大一小的橙色方框）沿着湖蓝色实线对角线方向，明度逐渐变暗。位于低处的矮墩方块和草地上的高光（相叠交的橙色方框和红色圆圈），一并引导人们沿着橙色虚线网格线方向（橙色箭头），看向中景低洼处的高光（橙色方框），进而看向河水岸边的高光（橙色圆圈）。

在橙色实线网格线的两端，男人和树2形成一明一暗的对比。男人脸部的亮部也有明度上的区别（额头一角和鼻子，另见图9），与建筑物1椭圆形顶部明度的区别相呼应（另见图13），男人鼻子的三角形造型还和建筑6屋顶上的白色鸟呼应（图9和图19）。在远景处，树林的高度沿着黄色虚线对角线而形成递增的变化（图4白色方框，黄色虚线箭头），引导人们看向浓密的云层。两团云层的朝向（白色箭头）与白色网格线的方向一致，它们的亮部形状是点与线的对比（黄色虚线圆圈）。无论是沿着橙色实线还是黄色虚线看向树2，后者的树冠形状引导我们看向画的左上角（白色箭头），看向天空，并引发人们联想到天气的骤变，备感不安。

另外，近景处男人和女人白色的衣服，女人坐着的白色的布，它们的明度在作品中占据面积最大，形成三角形构图（另见图3）。在图4中，三个红色虚线圆圈中的植物叶子，它们的高光形状相似，也形成三角形构图，不过，它们之间有着明度上的递减变化（数字1明度最亮）。近景处的水潭与远处河水不仅外轮廓相似（紫红色三角形），它们在明度上也形成暗与明的对比。所以，事物明度的不同暗示了事物与光线距离远近的关系，事物之间的距离关系，也暗示了空间的纵深变化。

除此，光线让事物的轮廓线变得不清晰，人物脸部的解剖结构含糊（图9至图18），与此同时，作品中的闪电有着细微的明度变化（图19至图21）。倘若对比佛罗伦萨画派艺术家笔下的人物（图22、图23），可以发现光的明度变化与人体解剖结构之间的密切关系紧密结合，人体的结构关系不会被光牺牲，且轮廓线精确而清晰（对比图9、图10和图22、图23）。在图24、图25中，女人衣服上有指示方向的褶皱明度最亮（黄色箭头），它们的指示方向和她坐着的白布褶皱指示方向相反（紫红色箭头）。换言之，光线与事物结构的关系，是为了产生张力和动感，与佛罗伦萨画派再现光线是为了强调

图7 乔尔乔内的素描和绘画对比
（上）《蒙塔尼亚纳的圣泽诺城堡景观》局部，约1507—1510年，红垩，29厘米×20.3厘米，博伊曼·范布宁根博物馆
（下）《暴风雨》局部

图8 米开朗琪罗的素描和绘画对比
（上）《利比亚女预言家》局部，约1510—1511年，红垩，28.9厘米×21.4厘米，大都会艺术博物馆
（下）《利比亚女预言家》局部，约1511年，湿壁画，梵蒂冈西斯廷教堂

图 9—20　图 1 的局部　　　　　　　　　　图 20 的去色图

图 22　马萨乔，《纳税钱》局部

图 23　马萨乔，《纳税钱》局部

图 24　图 1 的局部

图 25　图 24 的形式分析图

立体感的目的不同。除此，乔尔乔内的作品，无论是素描还是绘画，都强调利用"块面"表现明暗关系（图 7、图 9）。而佛罗伦画派的作品则清晰完整地表现了素描五调子的关系（图 6、图 8），强调人体解剖结构的清晰与完整。显然，前者的立体感不如佛罗伦萨画派。因此，在威尼斯画派的作品中，光的变化比事物的结构关系更重要。

　　综上，乔尔乔内作品虽然不是凭借几何线条的布置获得秩序与规整，然而，在对角线网格构图的基础上，艺术家不仅通过相似的形状形成不同空间的呼应关系，他还强调光对事物明暗的影响，通过事物的明度变化和同等级明度的呼应，塑造画面的空间关系和强烈的动感。威尼斯画派的作品需要观者发挥自身知觉系统的作用，像觉知"错觉三角形"（图 5）那样，

[1] 贡布里希，秩序感：装饰艺术的心理学研究 [M]，杨思梁、徐一维、范景中译，南宁：广西美术出版社，2019：137。
[2] *Giorgio Vasari's Prefaces: Art & Theory*[M]: 184.

觉知到犹如在黑夜中闪烁着不同明度的霓虹灯，觉知到形式之间的连续性。因此，在威尼斯画派的作品中，"光"决定所有形式的关系，这类作品的网格构图使得作品更具动感，正如贡布里希所言，"也许最不安的感觉是由不规则的排列或时明时灭的灯光造成的……这种排列或闪光可能会加重注意力的负担，使我们不知该往哪里看好，而只是觉得心神不宁，毫无办法"[1]。结合瓦萨里对乔尔乔内作品的评价来看，"他利用影子的浓淡（depth）赋予作品力量和动感"[2]，这与老普林尼记载的鲍西亚斯画牛的做法相似（见"老普林尼观念中的形式与风格"一文）。另外，瓦萨里似乎还没有意识到乔尔乔内作品中的光线对事物轮廓线的影响，以及模糊轮廓线更有利于形成空间上的连续变化和纵深变化，带来强烈的动感。总之，在威尼斯画派艺术家的作品中，光线是构图中的主角。

柯勒乔（Correggio，1494—1534）是文艺复兴时期最重要的帕尔马（Parma）画派艺术家，他晚期的作品对巴洛克和洛可可艺术家有着重要的影响。在《别碰我》这幅作品中（图26），对比作品去色图（图27）和分析图（图28），光线入射的方向（白色箭头）和远处天边的亮部重合，形成近景和远景的关联。白色箭头与两个人物的姿势形成对角线构图（黄色线）。在前景处，两人腿部姿势形成的弧线和身后土地轮廓弧线呼应（两条蓝色实线弧线），天空暗色云图案的弧形轮廓线（另一条蓝色实线弧线）与前两者呼应。基督身躯姿势的线条和大树树干线条呼应（绿色虚线弧线和绿色实线弧线）。两人手臂形成的弧线方向相反，可以组合为一条S线（紫红色S形弧线）。画中男人四肢伸展的动作有助于在其身上形成较为突出的亮部（绿色圆圈）。中景处的植物外轮廓形成平行的两条弧线（蓝色虚线弧线）。

结合人物的这些动态，光线在他们身上形成的光影相应地具有呼应关系，如同色同类型圆圈（图28紫红色、绿色圆圈，蓝色实线、虚线圆圈）形成亮部上的呼应。在紫红色S形弧线上，基督的双手和女人右手的（紫红色圆圈）亮部形成呼应，两人的右肩亮部呼应，中景处河水的亮部形状与基督右手亮部形状相似的变化。红色圆圈部分是两人头发高光的呼应。光线照在女人蜷曲的右腿上，形成一个空间关系（四个白色实线圆圈）。画面右下角棍子的直线与紫红色曲线形成刚与柔的对比，棍子上有两处不同的明度（黄色圆圈），它们和树干后的光呼应（另一个黄色圆圈）。在棍子下方的阶梯形成不同明度亮部的呼应，暗示了空间高、低的变化。在画面上方，植物亮面的形状呼应，从画面左方的绿色实线角、绿色虚线角到画面右方的蓝色实线角，它们的明度变化也暗示了空间距离的变化。

在图29中，两人的姿势形成白色三角形构图，但是三角形的底边并不是水平线，因此，两人的动作具有动感，仿佛还在进行中。近景处土地和植物轮廓形成Z字形构图，和女人身躯姿势的Z字形呼应（绿色和蓝色Z字形），它们形成旋转对称的关系，换言之，这不仅增强了人物和背景的联系，也增强画面近景处的动感。另外，基督身后粗壮的树

图 26 柯勒乔，《别碰我》，约 1525 年，镶板油画，130 厘米 ×103 厘米，马德里，普拉多博物馆

图 27 图 26 的去色图

图 28

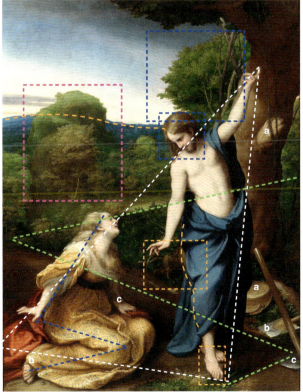

图 29

图 28—29 图 26 的形式分析图

图 30　图 26 的局部　　　　　　　　　　　　　　　　　　　图 31　波提切利，《维纳斯的诞生》局部

干与他的躯干相似，在明暗上有一明一暗的对比关系，树的根部（橙色方框）与基督右腿前伸姿势类同，基督右脚向树根方向旋转 90°，他右脚的指向与树根相同。因此，这组相似性也能形成近景和中景的关联和动感。在中景处，紫红色方框中的植物，其造型外轮廓与女人头部的外轮廓相似，画面右上方树冠的外轮廓（蓝色方框）与基督低垂的头部轮廓相似，除此，远方山脉的蓝色与基督衣服颜色呼应，它的外轮廓与基督腿部衣服轮廓相似（橙色弧线）。因此，它们形成前景和远景的呼应关系。另外，画面右下角三个事物（字母 a、b、c）的形状也可以在画面找到类似形状和明度与之呼应。

综合以上分析，这张作品同时利用光和几何形状构图，与瓦萨里的评价一致，安东尼奥·达·柯勒乔的作品有着"令人喜爱的活力"。另外，瓦萨里还提到："这位艺术家绘制人物头发的方式十分奇特，他不按此前时代的做法，用费劲、线条分明和枯燥的方式画头发，而是将波浪形卷发或一绺绺的头发分为不同部分。他用亮色和舒缓的连贯团块，画出有着羽毛般轻柔的头发，具有高贵感的同时，整体还有着金色的光泽。这比真实的头发本身更美，因此，他的用色超越了实物。"[3] 对比（图 30 和图 31）柯勒乔和波提切利的作品，柯勒乔的作品强调色彩、团块，属于色彩特征风格，与波提切利强调线条、清晰性的线性特征风格不同。

 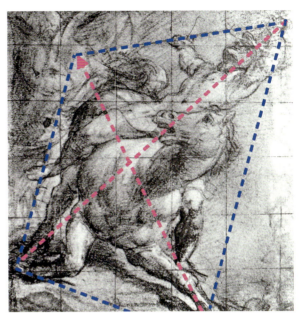

图 32 提香，《一匹马和骑手坠落》，约 1513 年，黑垩，　　图 33 图 32 的形式分析图
27.4 厘米 ×26.2 厘米，阿什莫林博物馆

（二）提香作品的形式分析

瓦萨里对威尼斯画派风格的看法，体现在他记载在《名人传》中的这个逸闻趣事：

有一天，米开朗琪罗和瓦萨里去观景楼看望提香。他们看到提香正在画一个裸体女人，描绘的是达那厄（Danae），在她双腿上方，朱庇特变成一场金色的雨。艺术家在场时，他们像普遍做法那样夸赞艺术家。他们拜别提香后，在讨论提香的绘画方法时，米开朗琪罗十分喜欢提香的敷色和风格，并夸赞它们。然而，他惋惜威尼斯艺术家没有从一开始就学好素描，那些画家也没有在研究过程中寻求更好的方法。米开朗琪罗说道："如果提香能得到艺术和素描的帮助，正如他得到天性的帮助，那么，在绘制人像时，没有人能比他画得更好，因为他的作品有好的活力，以及非常美丽和生动的风格。"事实上的确如此，因为那些既没有画过太多素描，也没有研究古代和现代优秀作品的艺术家，他们无法根据自己的记忆制作出好的作

[3]同2，185。

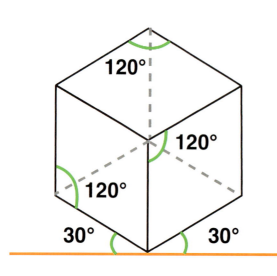

图 34　等角投影

图 35　等角投影在提香作品中的体现

品，赋予作品优雅和完美，超越自然，自然中的事物普遍在某些部分上达不到完美。[4]

　　瓦萨里的这个记录，让人联想起老普林尼记录阿佩莱斯去拜访普洛托格涅斯，他们用"线"进行艺术竞赛的逸闻趣事。最终，阿佩莱斯获胜，普洛托格涅斯甘拜下风。[5]另外，老普林尼、西塞罗等人都将阿佩莱斯看作是完美的画家。所以，虽然我们无法考证瓦萨里的这个记载是否真实，但是，结合瓦萨里将米开朗琪罗奉为神圣艺术家的做法，瓦萨里实际上援引了古典的观念与事迹，以类比的方式，表明佛罗伦萨画派要优于威尼斯画派。其次，米开朗琪罗认为提香在再现自然上，没有素描的帮助，缺乏研究，从而导致失败。瓦萨里则将素描、古代作品、现代作品、优雅和完美都归为同类范畴，换言之，提香的作品与古代作品、现代佛罗伦萨画派的作品背道而驰。

　　在提香的素描《一匹马和骑手坠落》中，可以看到该作品以对角线来构图，具有强烈的不稳定感（图32、图33），值得注意的是，他虽然选择从马的偏正前方的角度再现对象，马

[4] *The Lives*(Vere版本), vol 2, 791。
[5] Pliny. *Natural History*, XXXV, 81–83.
[6] 美术术语与技法词典[M]: 420。在"等角投影"图中，空间中的三个轴均等地缩短，它们都是120°角。（图34）
[7] Pliny. *Natural History*, XXXV, 123–127. J.J.Pollitt. *The Art of Greece, 1400–313B.C.*[M]. New Jersey: Prentice-Hall, INC, 1965: 170–171.
[8] 认知心理学[M]: 101—102。

图 36　《内巴蒙花园》，约公元前 1350 年，壁画，73 厘米 ×64 厘米，大英博物馆

图 37　马克·夏加尔，《生日》，1915 年，油画，80.6 厘米 ×99.7 厘米，纽约现代艺术博物馆

与骑手的形状被短缩在一个蓝色平行四边形中。不仅如此，我们还能同时从侧面、正前方以及俯视的角度看到马和骑手。换言之，提香同时从多个视角再现了作品中的场景。而他实际上使用的是等角投影（Isometric）（图 34、图 35），这是今天机械制图、产品设计、建筑设计、动画设计、游戏设计等都还在使用的一种投影法。

投影法（projection）是一种非线性透视的方法，没有消失点（vanishing point），与有消失点的透视方法不同。使用投影法再现对象将导致对象变形，然而却能制造视觉错觉。[6]事实上，利用投影法能将事物不同角度的特征综合在一张作品当中，在古埃及艺术、古希腊艺术以及现代艺术中都能看到（图 36、图 37）。根据老普林尼的记载，古希腊艺术家鲍西亚斯通过牛的正面来展示牛的长度，在画面中表现了形式的投影。另外，当别的艺术家都想用明亮的色彩凸出作品，减少黑色的使用，鲍西亚斯却将整头牛涂黑，赋予牛身阴影之外的深色阴影，他的作品平面还分解为多个色块，平面上的所有事物看起来是立体的。[7]换言之，鲍西亚斯的用色方法也与提香的做法类同。

在图 38 中，橙色三角形区域是主要的亮部区域，然而，作品中的亮部区域并不连贯（四个白色三角形）。紫色圆圈所在的位置代表暗部，黄色圆圈代表亮部，它们之间交错出现，使得画面形成动感。当观者退后观看作品，这些分散的色块能调动观者的知觉，即"将不完整的图形知觉为闭合的或完整的"，[8]从而产生有别于佛罗伦萨画派作品的立体感。另外，图 38 中的蓝色三角形轮廓有暗示空间上的短缩的作用，橙色三角

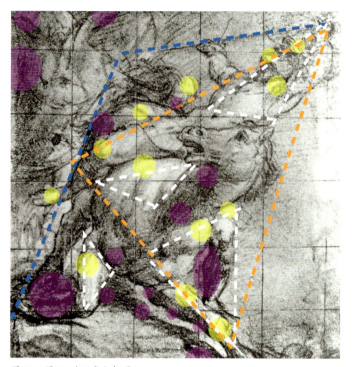

图38　图35的形式分析图

图39　拉斐尔，《先知何西阿和约拿》，约1510年，蘸水笔，棕色墨水，26.2厘米×20厘米，美国国家美术馆

[9] Pliny, *Natural History*, XXXV, 67. *A Dictionary of Art Terms and Techniques*[M]: 72.另见美术语与技法词典[M]: 98。
[10] Pliny, *Natural History*, XXXV, 130–133. J.J.Pollitt. *The Art of Greece, 1400–313B.C.*[M]: 175.
[11] Pliny. *Natural History*, XXXV, 67.另见 J.J.Pollitt. *The Art of Greece, 1400–313B.C.*[M]: 158–159, note 96.

形区域中的马头和骑手的短缩，给人以逼仄感，仿佛这个紧张的画面即将与观者迎头碰上，与当今3D电影利用新兴技术给我们制造的瞬间效果类似。然而，提香使用的工具是我们今天艺术院校学生还在用的炭条（charcoal）。

　　要更深入认识提香艺术风格的特点，还需要将他的素描和佛罗伦萨画派的素描做对比。在《名人传》第三部分的前言中，瓦萨里将拉斐尔奉为可与阿佩莱斯、宙克西斯媲美的完美艺术家。老普林尼告诉我们，阿佩莱斯擅长用精微的线条，而宙克西斯发现光和影之间的比例，在弯曲的面上表现从明到暗逐渐地过渡。事实上，这是明暗对照法（chiaroscuro）中的一种。通过明显的亮部和暗部之间的平衡对比，再现对象的体积（volume）和浮雕（relief）的错觉，这个技法能让构图中主要人物的周围，形成一种有效的深度与空间的错觉。[9]如在图39中，拉斐尔利用明度渐变，将每个人物都塑造得如同浮雕一般具有立体感和量感，这是古希腊艺术家宙克西斯、尼基亚斯的画法，正如老普林尼所言，尼基亚斯笔下的人物仿佛要从画板上凸出来。[10]

拉斐尔的《圣乔治屠龙》表现了一个骑马人与恶龙搏斗的画面（图40、图43），虽然该作品的草图中仍有网格的构图（图41），他的草图中对素描五调子的着墨也不多，然而，拉斐尔笔下事物的轮廓线不仅有连贯、清晰的线条，而且，线条的粗细变化，墨色深深浅浅的变化，都能塑造出光影的微妙变化和立体感。所以，拉斐尔与阿佩莱斯一样，他仅利用线条就能表现事物的体积和立体感。另外，对比拉斐尔素描草图的细节（图42）和提香的素描《一匹马和骑手坠落》（图32），可以发现拉斐尔使用的是蘸水笔，提香用的是炭条。使用炭条绘制的线条，不仅能形成颗粒感的质地，而且，颜色浓淡变化较大，能表现强烈的对比效果，这恰好符合强调"表现性"而不是"精确性"的威尼斯画派艺术家的风格需求，更利于他们通过分散的"色块"塑造画面的立体感。

在图44中，金字塔构图和渐变的明暗关系一并打破了网格的束缚，两个蓝色圆圈代表不同明度的暗部，它们和马的身躯一并塑造了画面横向空间区域的纵深感。然而，画面中的蓝色、绿色弧线，以及黄色垂直线构图，都弱化了近景处打斗的激烈气氛。倘若将图43和本文开篇分析的《暴风雨》（图1）相比，后者反而更具有氛围感。简言之，拉斐尔与提香的素描，继承的是肇始于古希腊时期两种再现自然的风格，前者强调线性特征，后者强调色彩特征。

老普林尼认为，轮廓线是绘画当中最精微的部分，而描绘物体的形式和事物的量感都是伟大的成就，能做到其中一种的艺术家就能获得名声。值得注意的是，艺术家在描绘图形的界线时，既描绘人体的轮廓线，也包含恰当的体量，这在当时是鲜少有人能实现的艺术成功。根据老普林尼的记载，精于用线条的艺术家帕拉修斯，他用轮廓线勾勒对象，并暗示图形后面事物，表现了被遮挡的部分。然而，帕拉修斯在表现人体的空间量感和立体感方面是逊色的，但宙克西斯却在这方面表现卓越。[11]瓦萨里认为拉斐尔"研究了早期和稍晚时期艺术家的作品，从中吸收了最

图40 拉斐尔，《圣乔治和龙》草图，约1506年，蘸水笔和墨水覆盖在黑垩上，26.3厘米×21.3厘米，乌菲齐美术馆

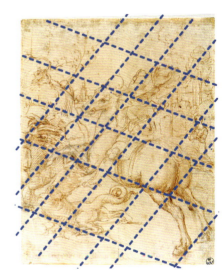

图41 图40的形式分析图

图42 图40局部

图 43　拉斐尔，《圣乔治和龙》，约 1505 年，木板油画，
28.5 厘米 ×21.5 厘米，美国国家博物馆

图 44　图 43 的形式分析图

好的优点，将它们相融合，改进了古代艺术家阿佩莱斯和宙克西斯笔下人物的完美。不仅如此，我们还可以说，拉斐尔的作品可以与那些古代大师的相媲美，将它们相提并论。"[12] 结合老普林尼对古代艺术家的评价而言，瓦萨里肯定拉斐尔的作品在线条和量感上都做出了伟大的成就，因此，拉斐尔已经领先于很多古人，他的艺术成就在古代鲜少有人能实现。

　　不过，瓦萨里没有说明他和米开朗琪罗是哪一年去参观提香的画室的，再或者这只是瓦萨里的杜撰，所以，笔者在提香多张描绘达那厄的主题作品中，选取了能体现三种光线特点的作品做分析（图 45 至图 47），对照瓦萨里托米开朗琪罗之口的评价是否言过其实。首先，对比三张作品的去色图（图 48 至图 50），第一张作品的光线是一种非直射光，即今天摄影中所说的软光（soft light），它是一种散射的光，与之相对的是光源单一的硬光（hard light）（图 51）。光线不同，对事物看起来的样子有着重要的影响。第一张作品的明暗关系过渡自然，整体看起来较柔和，人物的肤质看起来细腻。因为软光相对硬光来说，更适合表现女性温文尔雅的气质，以及女性和孩童细腻的皮肤。因此，

[12]同3，184。

图 45　提香，《达那厄》，1544—1545 年，布上油画，
117 厘米 ×69 厘米，那不勒斯，卡波迪蒙特国家博物馆

图 48　图 45 的去色图

图 46　提香，《达那厄》，1550—1565 年，布上油画，
129.8 厘米 ×181.2 厘米，马德里，普拉多博物馆

图 49　图 46 的去色图

图 47　提香，《达那厄》，1554 年之后，布上油画，
135 厘米 ×152 厘米，德国，艺术史博物馆

图 50　图 47 的去色图

图 51　从左到右，光线逐渐由弱变强，由"软光"变为"硬光"

作品左上角的帷幕、靠枕和床单，它们在材质上比后两者细腻，在色彩上都比它们朴素（图 54）。

在第一张作品的去色图中（图 48），事物有着清晰的明暗关系分区，以画面左下角的白色床单明度变化为例，缠绕在达那厄大腿上的白布明度最亮，其次是她下半身压住的床单，继而是床单余下的其他部分，它们的明度逐渐降低，变化程度微妙。另外，近景、中景和远景区域划分清晰，达那厄、丘比特处于前景区，柱子位于中景处，远景中的户外光线和洒在人体上的光线呼应。另外，柱子坚固的造型、厚实的材质，以及渐变的明暗变化，都与云团松散的体积、若隐若现的明暗关系形成鲜明对比，近景中的人物同时看向云团，因此，近景中的光将前景中的两个人物相联系，人物的视线将近景和中景相关联。

第二、第三张作品中的光线属于硬光范畴，作品中的光线强度显著加强，明暗对比关系更强烈，阴影轮廓线更清晰，能凸显事物的质感和立体感。从细节上来看，两位达那厄的耳环、手镯（图 52、图 53），帷幕上的金色刺绣（图 54），金币（图 55），小狗项圈上的装饰（图 56），金色盆子（图 57），它们都有显著的质感和立体感。除此，由于硬光有利于再现事物的深度，因此，在这两张作品中，已经看不到户外的远景。第一张作品受软光影响，需要借助建筑空间和远景营造画面深度。

然而，第二、第三张作品中的光在布置上还是有所不同（对比原作和它们的去色图）。在第二张作品中，床单白布的材质产生的凌乱的光在明度上较为显著，它与天上的闪电呼应，它们是该作品中主要的明度呼应关系，视觉力最强。在第三张作品中，硬光强度增强，达那厄身躯和靠枕的明度区域都比第二张作品的更大。靠枕的亮部、金色盆子的

图 52 头部比较

反光、更大面积云团和闪光，它们在画面中形成强烈的对比关系，使得光在空间中节奏变化更丰富，视觉张力覆盖的范围更大。对比两张作品红色帷帐的暗部，第三张的明度更亮，能看到更多固有色。另外，闪电的光和金色盘子的反光都能形成类似摄影中的"补光"功能，在硬光以外更大程度地影响事物轮廓线及其细节的清晰性。对比第二、第三张作品达那厄的脸部（图 52），后者左脸位置的反光明显，也就是说，更完整地体现了素描五调子，因此，这张作品中的达那厄看起来立体感更强。

对比三位达那厄的头发细节（图 52），她们的头发虽然都没有佛罗伦萨画派作品中的清晰线条（图 31），然而，还是因为作品的中光线布置的不同而有细微的差异：第一张作品的头发相对清晰，能看到刘海处的发丝；第二位达那厄的头发与前面提到柯勒乔作品中的女人头发相像（图 30），没有发丝细节，只有连续的色块；最后一张则兼具色块和发丝。接着对比达那厄的手部（图 53）：第一张作品中的手部仍然能看到轮廓线，第二张作品受床单的反光影响，轮廓线含糊不清，这与印象派作品中表现光线对人物轮廓清晰度的影响类同。第三张的则因为有补光的帮助，提高了阴影的明度，再现出暗部的细节，因而，手部的立体感和丰腴的质感都比前两者明显。另外，还可以对比第二、第三张作品中，达那厄脸上的亮部和鼻尖上的高光，第三张作品脸部的亮部区域增大，鼻尖高光的明度也相应降低（图 52）。同理，对比手部在靠枕上的投影，第二张作品中的阴影轮廓线最清晰（图 53，另见图 51 中三个圆球体的投影）。

光线强度的变化还影响了构图和事物材质的选择和调整：由于强光能使肤质看起来不平滑，形成斑驳的光点，因此，后两张作品中的人体肤质都比第一张作品中的看起来粗糙。由于第二张作品缺乏补光的辅助，达那厄肤质的质感最明显。为此，提香在这张

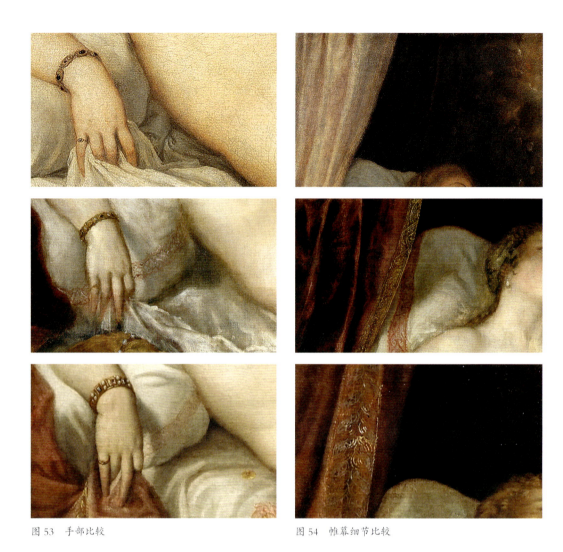

图 53　手部比较　　　　　　　　　　图 54　帷幕细节比较

作品中以老妪替代丘比特。老妪松弛的手部、后背皮肤，与达那厄的皮肤，白色床单凌乱无序的褶皱，画面左下角小狗的毛发（图56）都形成了鲜明的质地对比。相应的，第二张作品选用厚重的绒布帷幕，床单和老妪的衣服（包括她双手提起的围裙）质感和褶皱，都与前者形成轻与重的对比。在第三张作品中，光线强度比第二张的更大，提香将达那厄、老妪的皮肤和金色盆子的质感相对比，质地对比的关系更丰富。因此，第三张作品中的老妪转身抬头面向观者，松弛的皮肤被拉伸，换言之，艺术家通过降低达那厄和老妪皮肤的对比强度，转而强调三种质地的对比。照在达那厄身上的自然光、云团中的闪光和金色盘子的反光形成三种类型光的对比，它们的明度逐级递增。所以，第三张作品营造的视觉效果和戏剧性最为强烈。

图 56　图 46 中的局部

图 55　金币对比

图 57　图 47 中的金色盆子局部

　　另外，这三张作品的帷幕材质也值得注意（图 54）：第一张作品中的帷幕材质较轻盈；第二张作品中的帷幕最厚重，它与画面中老妪提起的围裙、床单的褶皱形成鲜明的对比；第三张作品的帷幕厚重感降低，刺绣面积增大，图案变得更柔美和清晰，反光的层次更丰富。倘若对比三张作品中的云团和从云团中降落的金币（图 55、图 57），可以发现提香在第一张作品中突出金币的反光与稀薄的云烟，与作品细腻的风格呼应。在第二张作品中，艺术家突出描绘金币的灰部，以此和闪电的"亮"、浓厚的云团的"暗"形成对比。顺带一提的是，暗色的厚重云团，它的轮廓和老妪手臂、肩膀的形状相似。在第三张作品中，散落的金币呈现出不同的明度关系，这反而让观者更能感受到金币下落过程中的不同朝向，感知到它们的动态变化。这张作品的云团质感更丰富，有轻薄的烟雾，立体的人脸

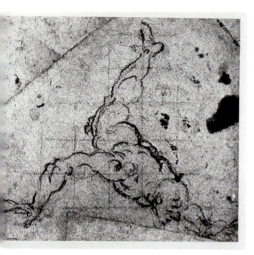

图 58　丁托列托，《向下飞行人物的研究》，16 世纪中期，炭条，22 厘米 ×15.5 厘米，大英博物馆

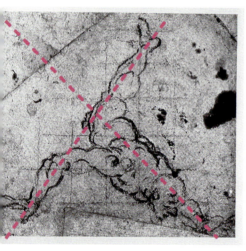

图 59　图 58 的形式分析图

和远景中的白云，暗示了深度上的变化。因此，金币和云团的层次关系都比前两者丰富。

　　事实上，后两张作品的共性体现在色彩的运用上，提香的做法与鲍西亚斯用色的方法类同。他们运用的是的另一种制造立体效果的明暗对照法（chiaroscuro），将不同的色块分散在画面上，通过色块来统一构图，借此创造了一种表现性的特质。而且，这种明暗对照法减少黑色的使用，强调的是利用更深色的色相暗示阴影，表现出闪烁的立体感（cangianti modelling）。与此同时，他们还强调色块在画面的分散和统一。所以，提香和鲍西亚斯的风格强调的都是色彩特征。[13]

（三）丁托列托作品的形式分析

　　在丁托列托的素描中可以看到他的作品与提香一样，也采用了对角线构图（图 58、图 59）。与提香的作品相比，丁托列托在线条的使用上更不连贯，而且人物肌肉的团块、人物的动态（躯干和腿部向后翘的角度）、短缩的角度（如人物的左手、躯干）都更加夸张。事实上，夸张的肌肉团块反而能让光线在团块中形成分散的几何体，使得画面由更多色块组成，形成更多分散的亮部与暗部（图 63）。倘若对比米开朗琪罗一张表现人物俯身蹲下的素描稿，不难发现人体犹如一个立方体，透视关系"正确"（图 60、图 61）。在他表现飞升中的基督素描稿中（图 62），该人体虽然也与丁托列托的素描一样，再现的是人物四肢展开的动态，然而，米开朗琪罗笔下的人体无论是从线条的连贯性、明暗对比，还是人体解剖结构上，都有着客观的严谨、正确与润饰。

　　对比图 64 和图 65，米开朗琪罗通过基督身体扭动的姿势和脸部表情表现情感，而丁托列托表现的基督，虽然在动态上的扭动程度不如米开朗琪罗的基督，而且也欠缺解剖学意义上的严谨和正确。然而，丁托列托人物的肌肉仍然保留团块感，这能更好地让光线在人体上形成黑白灰三种色调，从而在整体上塑造对象的立体感。更重要的是，基督的头深埋在阴影中，使得我们即使看不到他的表情，也仍然能在硬光营造的悲剧氛

[13] 艺术批评史[M]: 43—44。另见 History of Art Criticism[M]: 42.
在意大利语中，cangianti 有"闪色的，闪光的"意思，它的动词 cangiare 意思为"改变，使变化"，"变色"。（意汉词典[M]: 132。）

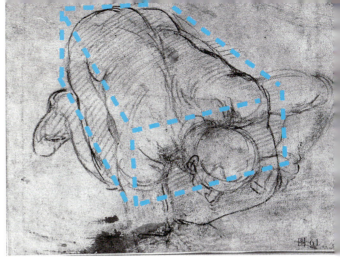

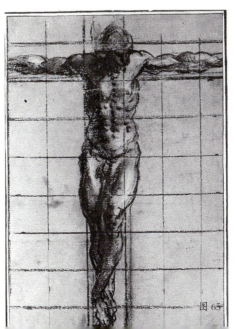

图 60　米开朗琪罗,《跪着的人体》, 1542—1550 年, 黑垩, 13.3 厘米 ×17.4 厘米, 大英博物馆

图 61　图 60 的形式分析图

图 62　米开朗琪罗,《飞升的基督》, 1532—1533 年, 黑垩, 41.2 厘米 ×27.2 厘米, 大英博物馆

图 63　丁托列托,《研究米开朗琪罗的参孙和非利士人》, 约 1560—1570 年, 黑垩, 纽约, 摩根图书馆和博物馆

图 64　米开朗琪罗,《十字架上的基督》, 1538—1541 年, 素描, 36.8 厘米 ×26.8 厘米, 大英博物馆

图 65　丁托列托,《十字架上的基督》, 约 1540—1594 年, 素描, 38.7 厘米 ×26.7 厘米, 维多利亚和阿尔伯特博物馆

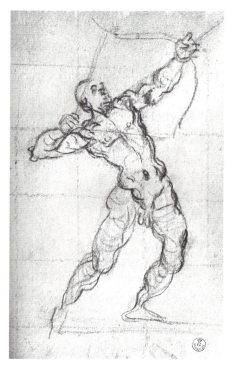

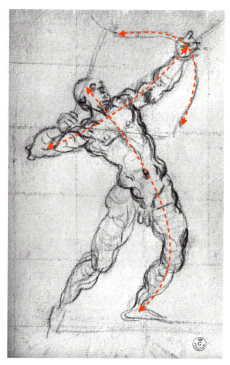

图 66　丁托列托，《弓箭手》，约 1580 年，炭
条，32.2 厘米 ×20.7 厘米，乌菲齐美术馆

图 67　图 66 的形式分析图

图 68　彼得罗·佩鲁吉诺，《拉弓的弓箭手》，
约 1505 年，黑垩和棕色淡彩，26.2 厘米 ×16.7
厘米，美国国家美术馆

图 69　漫画人物夸张姿势的示意图（作者绘制）

围中，感受到情感的表现。丁托列托这种表现情感的做法，实际上呼应了古典艺术家的做法：提曼塞斯在描绘伊菲革涅亚的献祭时，他笔下的卡拉卡斯是悲伤的，乌利西斯更悲伤，墨涅拉俄斯悲痛万分，而画家认为必须用纱巾挡住阿伽门农的脸，因为最深沉的悲痛他无法用画笔表现。[14]换言之，在表现情感方面，丁托列托表现出最深处的悲痛，而米开朗琪罗笔下基督的悲伤情感不如丁托列托作品的深沉。米开朗琪罗的基督，情感有着客观意义上的真实，但却不动人。

在图 66 中，丁托列托表现了一个正在射箭的人，人体的这个姿势和弓的弯度相似（图 67 三条红色弧线双向箭头），只有右腿处于放松状态。对比佛罗伦萨画派艺术家同类型作品（图 68），可见丁托列托这张作品中的人体躯干和腿部处的弯曲程度都与自然不符（图 58 也如此），因此，丁托列托实际上是通过"想象"描绘这个人物的姿势，与漫画人物的夸张姿势更相像（图 69）。另外，虽然丁托列托没有从解剖学角度正确再现人体本来的样子，然而，弧形轮廓线和肌肉团块的组合形成连环的动态效果，反而让作品看起来更有动感。他所使用的炭条能让他大胆、放松地作画，作品有即兴性和"未完成"的效果，与佛罗伦萨画派作品中的"润饰"效果不同。

在《名人传》中，瓦萨里如此评价丁托列托的作品：

他的绘画迅捷、果断、古怪、夸张，从他所有作品和幻想的场景构图中，可以看到他那最为奇特的头脑所想的事物从未有人画过，而且，他制作的方式与其他画家的相反。事实上，他的制作没有计划，也没有预先画素描，他以新颖和奇怪的发明，异想天开的头脑，超越了夸张的极限。有时候，这位艺术家离开时，已经完成的素描还非常粗糙，以至于还能看见笔刷的痕迹，它们大多都是艺术家在偶然情况之下和情绪激昂时候画的，而非依据判断和设计。[15]

在这段话中，瓦萨里从构图、发明、想象、素描、计划、完成程度方面批评了丁托列托的作品，指出了丁托列托带着个人情感的即兴性作画方式和特点。要理解瓦萨里对丁托列和拉

[14] Cicero, *Orator*, 70–74.
[15] *The Lives*(Vere版本), vol 2, 509.

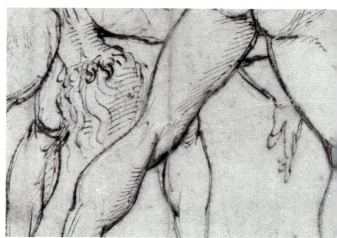

图 70　拉斐尔，《七个争夺标杆的裸体男人》，约 1506 年，蘸水笔与棕色墨水覆盖在黑垩上，素描，27.4 厘米 ×42.1 厘米，牛津大学阿什莫林博物馆

图 72　图 70 局部

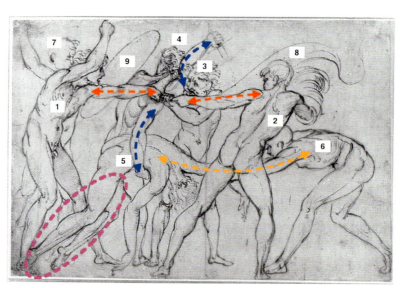

图 71　图 70 的形式分析图

[16] Grayson译本，79。
[17] 艺术批评史[M]: 99。

斐尔的不同评价，还可以结合拉斐尔如何构思多个人物的动态关系着眼。

在《七个争夺标杆的裸体男人》（图70）中，拉斐尔同时表现了七个人物。人物1的左手与人物2的左手相拉扯，形成相反的拉力（图71红色箭头）。人物3和人物4头部方向相反，人物4右手搂着人物5，有一个向下的力，和人物3举右手的力方向相反（蓝色箭头）。人物5和人物6也形成一组在水平方向上的拉力（橙色箭头），他们的躯干和肢体在人物1—4之间贯穿，将4个人物在画面中部空间相联系。人物1、人物2手臂姿势（红色箭头）和人物5、人物6手臂姿势（橙色箭头）构成直线和弧线的对比。人物7举起的手臂动态和事物8（斗篷）扬起来的动态相呼应。坚固的盾牌9和人物5奄拉无力的双腿（紫红色椭圆）形成对比。画面中，人物1和人物3举起的手最为有力，与人物5低垂的头和无力的手形成鲜明对比（图72）。因此，这张作品虽然只是草稿，但是在上、下、左、右、前、后方向都有"力"与"力"的作用，张弛有度，形成完整的构思。

在《士兵们带着被困的囚犯撤退》（图73）中，拉斐尔主要表现了十一个人体的动态，比图70中的人物数量还多。人物1—3，4—6，7—9分别组成一组，人物10和11有"填腋"的作用。人物1—3，4—6是画面上半部分空间的主体，他们的头和手臂形成三角区域（图74紫红色角），指向更远方。人物7—9则是画面中间部分空间的主体，他们在画面中的高度也组成了一个从低到高的趋势（黄色三角形）。而且，他们之间的朝向关系，也加强了空间的深度感，使得二维空间得以延伸。

阿尔贝蒂认为，倘若艺术家要追求作品的体面，他应该尽可能少地表现物体，就像悲剧、诗歌那样，尽可能用最少的人物叙述故事。虽然在绘画中，人体的姿势和动作的不同能产生多样性，然而，他认为画面中不要超过九个或十个人，以免产生混乱。[16]因此，拉斐尔的作品表现了超过十个人体的作品，而又不导致混乱，这是对阿尔贝蒂提出的艺术原则的推翻与创造，也体现了拉斐尔有条不紊的叙事能力，正如瓦萨里所言"每一个看过他作品的人都能察觉到，他作品中的发明轻松、恰当，叙事部分与清晰易读的著作相似"。被瓦萨里奉为神圣艺术家的米开朗琪罗，瓦萨里认为他之所以能超越古代艺术家和在世艺术家，达到完美的原因，在于：

> 为了专注于这一唯一目标，他舍弃了令人着迷的色彩，舍弃了变幻无常和新奇怪异的某些细节和精微之处；这些都并未被许多画家完全忽略，也许这并非毫无道理。这些画家的素描基础不够扎实，便追求不同的色调（tints）和不同的色彩，使用各种怪玩意儿和新发明，总之，用这种别样的方式使自己在主要大师的行列中谋得一席之地。[17]

因此，佛罗伦萨画派的素描，以比例为基础的发明（构思或想象），不迷人的色彩，

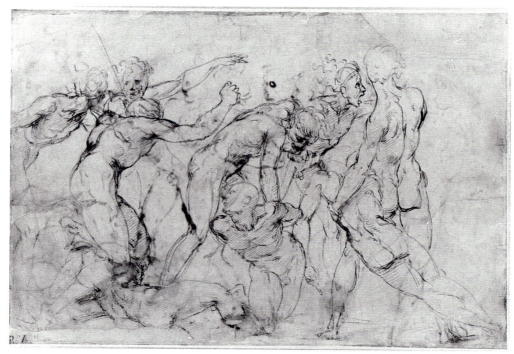

图 73 拉斐尔，《士兵们带着被困的囚犯撤退》，约 1507—1508 年，蘸水笔与棕色墨水覆盖在黑垩上，素描，26.8 厘米 ×41.7 厘米，牛津大学阿什莫林博物馆

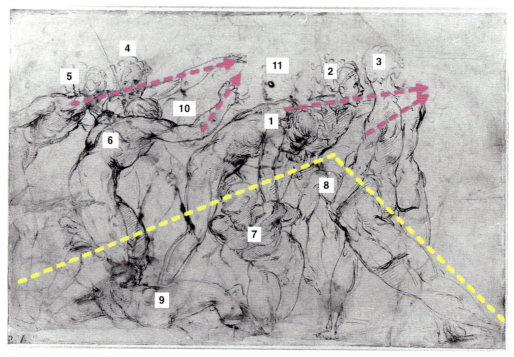

图 74 图 73 的形式分析图

与威尼斯画派的色调、引人入胜的色彩，变幻无常和新奇怪异的细节，怪玩意儿和新发明，分别属于不同的范畴。所谓的怪玩意儿和新发明，让人联想到维特鲁威所认为的"不得体"的做法："芦苇取代圆柱竖立起来，小小的涡卷当成了山花，装饰着弯曲的叶子和盘涡饰的条纹；枝状大烛台高高托起小庙宇，在这小庙宇的山花上方有若干纤细的茎从根部抽出来一圈圈缠绕着，一些小雕像莫名其妙地坐落其间，或者这些茎分裂成两半，一些托着小雕像，长着人头，一些却长着野兽的脑袋。"[18]

瓦萨里还评价了丁托利托作品中的"想象"，认为他有"异想天开的头脑（*più terribile cervello*）"。然而，在提起佛罗伦萨画派艺术家时，他将想象与头脑中的构思、智性关联，换言之，在瓦萨里看来，丁托列托的这种想象与智性无关。更进一步而言，丁托列托的作品给瓦萨里的感觉是"迅捷、果断、古怪、夸张"，"他的制作没有计划，也没有预先画素描"，"它们大多都是艺术家在偶然情况之下和情绪激昂时候画的，而非依据判断和设计"。事实上，丁托列托不遵循解剖学的知识，不客观再现对象，相当于对人体做变形处理。这就呼应了古希腊时代艺术家要表现心灵活动时的做法。[19] 其次，瓦萨里从实践角度批评丁托列托，这实际上与佛罗伦萨画派在创作阶段有计划、有目的地按部就班的制作流程，以及素描草稿有关，它与偶然相对，这里的偶然相当于威尼斯画派艺术家的即兴性创作。正如瓦萨里所说："有些人认为，偶然性是设计和其他艺术的父亲，知识和理性如同养母和教导者般滋养设计。但我认为，在更多的事实中，与其说偶然性是设计的父亲，不如说它给设计带来了时机。"[20] 所以，他更重视的是设计，而不是偶然。

倘若对比拉斐尔的素描草稿，其作品中还保留有针孔（图42），这个做法与切尼尼所说的做法相类似："……如果你从一开始就没有按比例画叙事画或图形，用毛笔上的毛，无论是鸡毛还是鹅毛，在你用炭条画的素描上擦拭，那么，你画的素描将会被擦掉。重新画，直到你看到图形在比例上与范例相符，那么，当你感到差不多画好的时候，用银针尖笔勾勒素描的轮廓和边界，以及主要的褶皱。做完这些，用你的毛笔擦掉炭笔画的素描，借助尖笔，你的素描得到保留。"[21] 因此，以拉斐

[18] 建筑十书[M]: 138。
[19] 见本书"老普林尼观念中的形式与风格"一文中援引的苏格拉底与雕塑家克莱托的一段对话，谈论再现可见的事物与不可见的事物。
[20] Giorgio Vasari. *Vasari on Technique*[M]. New York: Dover publications, Inc. 2016:205.
[21] Cenninni. *Il libro dell'arte*[M]. Gaetano Milanesie Carlo Milanesi. Firenze:F. Le Monnier, 1859: 85, CH. 30.

尔为代表的佛罗伦萨画派素描追求的是与实物比例相符的素描，其用银针尖笔勾勒轮廓的做法，为的是保证正确再现客观的对象及其本来的样子。不遵循这套预备素描画法的威尼斯画派，因此在即兴创作中，就有了更多瓦萨里所说的偶然与变化莫测。

丁托列托笔下人物射箭姿势的变形，与对象"本来的样子"不符。然而，作品中的变形却更能表现出抽象的力量感，呼应了古典时代雕塑家利西波斯通过变形，打破再现对象本来的样子，成功再现出对象看起来的样子。[22] 另外，丁托列托在表现射箭者的特征时，选取的是该动作中最有表现力的角度，将人体的躯干和肢体组合为一体，以至于看起来生硬而不自然，即没有佛罗伦萨画派作品中的连贯性。这种做法既与古埃及艺术选取人体最有特征的角度有关，也与米隆的《掷铁饼者》的做法相似，倘若按照丁托列托笔下人物的姿势射箭，人物必然无法站稳而导致跌倒。

而这种新颖与昆体良所说的如出一辙："我们在哪里可以找到比米隆的《掷铁饼者》更剧烈或精心设计的作品？然而，那些评论家因为这尊雕塑不是直立的而不喜欢它，这只表明他们没法透彻理解米隆的艺术，最值得我们称赞的恰恰是这个作品的新颖性和制作上的难度。"[23] 换言之，丁托列托的这张作品也是对直线的背离，他用"变形"的方式创造出新颖。

---

[22] Plutarch. *Moralia*. 335B.（另见本书第一章）
[23] Quintilian. *Institution Oratoria*. 2.13.8–11.

参考文献

外文参考文献：

1.Albrecht Durer. *De Symmetria partium in rectis formis humanorum*[M]. Nuremberg, 1532.

2.Cennino Cennini. *Il libro dell'arte*[M]. Gaetano Milanesie Carlo Milanesi. Firenze:F. Le Monnier, 1859.

3.Charles Le Brun. *Conference sur l'Expression Generale & Particuliere*[M]. Amsterdam & Paris, 1698.

4.*Understanding Art: An Introduction to Painting and Sculpture*[M]. David Piper ed. New York: Portland House, 1986.

5. E. H. Gombrich. *Norm and Form*[M]. London: Phaidon Press Limited, 1999.

6. E. H. Gombrich. *The Story of Art*[M]. 16th edition. London: Phaidon Press Limited, 2010.

7.E. H. Gombrich. *Art and Illusion: A Study in the Psychology of Pictorial Representation*[M]. United kingdom: Princeton University Press, 2000.

8.E. Panofsky. *Meaning in the Visual Arts*[M]. USA: Doubleday & Company, Inc. 1955.

9.Erhard Schön. *Unterweisung der Proportion und Stellung der Possen*[M]. Edited by Leo Baer. Frankfurt am Main: Published by Joseph Baer & Co., 1920.

10.Franz Sales Meyer. *A Handbook of Ornament*[M]. New York: The Architectural Book Publishing Company, 1800.

11.Giorgio Vasari. *The Lives of the Most Excellent Painters, Sculptors, and Architects*[M]. translated by Gaston du C. Vere, edited with an introduction and notes by Philip Jacks. New York: The Modern Library, 2006.

12.Giorgio Vasari. *Le Vite de' Piu Eccellenti Pittori Scultori e Architettori*[M]. ed by Karl Frey, Munchen, 1911.

13.Giorgio Vasari. *Le Vite dei Piu' Eccellenti Pittori, Scultori e Architetti*[M]. introduzione di Maurizio Marini. 3. ed. integrale. Roma : Grandi Tascabili Economici Newton, 1997.

14.Giorgio Vasari. *Vasari on Technique*[M]. New York: Dover publications, Inc., 2016.

15.Hermann Weyl. *Symmetry*[M]. New Jersey: Princeton University Press,1952.

16.James Hall. *Dictionary of Subjects and Symbols in Art*[M]. London: Harper & Row Publishers, Inc., 1974.

17.J.J. Pollitt. *The Ancient View of Greek Art*[M]. New Haven and London: Yale University, 1974.

18.*The Dictionary of Art*[M]. vol. 8. Jane Turner ed. New York: Oxford University Press, 1996.

19.Liana Cheney. *Giorgio Vasari's Prefaces: Art & Theory*[M]. New York: Peter Lang Publishing, Inc., 2012.

20.Leon B. Alberti. *On Painting and on Sculpture*[M]. translated by Cecil Grayson. London: Phaidon Press, 1972.

21.Leon B. Alberti. *On Painting*[M]. Translated by John R. Spencer. New Haven and London: Yale University Press, 1966.

22.Lionello Venturi. *History of Art Criticism*[M]. New York: E. P. Dutton, 1964.

23.Michael Baxandell. *Giotto and the Orators: Humanist Observers of Painting in Italy and the Discovery of Pictorial Composition 1350-1450*[M]. New York: Oxford University Press, 2006.

24.*Encyclopedia of World Art*[M]. Vol. Ⅳ. edited by McGraw-Hill Book Company. USA: McGraw-Hill, 1972.

25.Maurice George Poirier. *Studies on the Concept of Disegno, Invenzione, and Colore in Sixteenth and Seventeenth Century Italian Art and Theory*[D]. New York University, 1976.

26.Otto G. Ocvirk. *Art Fundamentals: Theory and Practice*[M]. New York: McGraw-Hill, 2003.

27.Vitruvius. *Vitruvius on Architecture*[M]. translated by Frank Granger. Cambridge, Massachusetts: Harvard University Press, London: William Heinemann Ltd, 1955.

28.Pliny. *Natural History*[M]. translated by W.H.S.Jones, London: Harvard university Press, 1966.

29.Pliny. *The Elder Pliny's Chapters on the History of Art*[M].Translated by K. Jex-Blake. With commentary and historical introduction by E.Sellers. London: Macmillan and Co., LTD., New York: The Macmillan Co., 1896.

30.Ralph Mayer. *A Dictionary of Art Terms and Techniques*[M]. New York: Barnes & Noble Books, 1981.

31.Rudolf Arnheim. *Art and Visual Perception: a Psychology of the Creative Eye*[M]. London: University of California Press, 1974.

32.Takashi Iijima. *Action Anatomy*[M]. New York: Harper Design, 2005.

33.*The Oxford-Duden German Dictionary*[M]. The Dudenredaktion and the German Section of the Oxford University Press Dictionary Department. New York: Oxford University Press, 1999.

34.Vitruvius. *Ten Books on Architecture*[M]. Translation by Ingrid D. Rowland. UK: Cambridge University Press, 2002.

35.*Oxford Latin Dictionary*[M]. 2nd. P.G.W.Glare.ed. Oxford University Press, 2012.

注：柏拉图、亚里士多德、西塞罗、昆体良、老普林尼、维特鲁威等古人的著作均参考自Loeb 丛书。

中文参考文献：

1.（英）艾伦·派普斯，欧艳译，艺术与设计基础 [M]，北京：中国建筑出版社，2006。

2. 意汉词典 [M]，北京外国语学院《意汉词典》组编，北京：商务印书馆，2014。

3.（美）保罗·奥斯卡·克里斯特勒，邵宏译，文艺复兴时期的思想与艺术 [M]，北京：东方出版社，2008。

4.（古希腊）柏拉图，谢文郁译，蒂迈欧篇 [M]，上海：上海人民出版社，2006。

5.（英）贡布里希，范景中译，杨成凯校，艺术的故事 [M]，南宁：广西美术出版社，2008。

6.（英）贡布里希，杨思梁、范景中等译，规范与形式 [M]，南宁：广西美术出版社，2017。

7.（英）贡布里希，杨思梁、徐一维、范景中译，秩序感：装饰艺术的心理学研究 [M]，南宁：广西美术出版社，2019。

8.（英）J.霍尔，迟轲译，西方艺术事典 [M]，广东人民出版社，1991。

9.（美）拉尔夫·迈耶，邵宏等译，美术术语与技法词典 [M]，岭南美术出版社，1992。

10. 李宏，瓦萨里和他的《名人传》[M]，杭州：中国美术学院出版社，2016。

11.（奥）李格尔，邵宏译，风格问题：装饰历史的基础 [M]，杭州：中国美术学院出版社，2016。

12.（意）廖内洛·文杜里，邵宏译，艺术批评史 [M]，北京：商务印书馆，2020。

13. 英汉大词典 [M]，第二版，陆谷孙主编，上海：上海译文出版社，2012。

14.（美）R.J.斯腾伯格、K.斯腾伯格，邵志芳译，认知心理学 [M]，北京：中国轻工业出版社，2016。

15.（美）潘诺夫斯基，邵宏译，视觉艺术中的意义 [M]，严善錞校，北京：商务印书馆，2021。

16. 邵宏，设计的艺术史语境 [M]，南宁：广西美术出版社，2017。

17. 邵宏，美术史的观念 [M]，杭州：中国美术学院出版社，2003。

18.（瑞士）沃尔夫林，洪天富、范景中译，美术史的基本概念：后期艺术风格发展的问题 [M]，杭州：中国美术学院出版社，2015。

19.（古罗马）维特鲁威，I.D.罗兰英译，陈平中译，建筑十书 [M]，北京：北京大学出版社，2012。

期刊文章：

1.Tomoko Nakamura. *An Aspect of Renaissance Mathematics Revealed in a Stydy of the Theory of Human Proportion*[J]. 文明 . 2016, No.21: 23-28.

2. 邵宏，Art 与 Design 的词义学关联 [J]，艺术工作，2021(01)：65—77。

后　记

　　2023 年 6 月，我顺利拿到了博士学位，然而，我却深感对设计、风格和形式问题的研究仅仅只是刚刚开始。我的博士论文围绕 *disegno* 这个词，以古代和文艺复兴时期两个阶段的艺术观念史为着眼点，研究 *disegno* 的外延如何在古代的零碎观念基础上，在文艺复兴时期成为评判建筑、绘画和雕塑的标准。由于古人缺乏专业术语和形式法则，对艺术的描述语焉不详，为此，我将他们的评价和作品的形式分析相对照，指出他们所谈论作品的风格特征。然而，为了不让后者与观念史的考究平分秋色，形式分析部分的内容仅限于点到即止的"说明"作用。

　　去年 7 月中旬开始，我以阿尔贝蒂《论绘画》中的艺术评价标准为底本，以一些基础的视知觉心理学知识和艺术实践经验剖析作品中的形式关系。在深入研究作品中的形式和风格问题过程中，愈发体会到作品本身环环相扣的形式关系。可以说，无论是古罗马修辞学家描述艺术作品的艺格敷词（*Ekphrasis*），还是文艺复兴时期的文人描述作品的理论阐释，它们在那些包含艺术家复杂图像思维的杰作前，无不苍白无力，无法体现艺术家智性的思考。

　　金克木先生曾著有《书读完了》一文，可以说，要研究西方美术史，把经典的西方艺术史、艺术理论著作读通、读懂，书就读完了。在探讨这些形式和风格问题时，我再次在贡布里希的《艺术与错觉》（杨成凯、李本正、范景中译，邵宏校译）、《秩序感》（杨思梁、徐一维、范景中译）、《艺术的故事》（范景中译，杨成凯校）、《规范与形式》（杨思梁、范景中等译），李格尔的《风格问题》（邵宏译），沃尔夫林的《美术史的基本概念》（洪天富、范景中译）等经典著作中重新获得新的启发，而这些书都是中国美术学院范景中老师在 20 世纪 80 年代开始，陆续和他的学者同侪、学生们翻译的著作。在此，由衷感谢范老师和先辈们所做的这些开拓性工作，为后学看到更大的专业视野奠定了不可多得的重要基础。

　　在撰写本书的过程中，笔者深感个中的难度，不过，为了让更多艺术爱好者从另一个角度，看见那些直到今天也仍然值得细读的伟大作品，看到那些让笔者赞叹的形式结构关系，吸引更多同侪一起关注艺术本体的形式问题，挖掘艺术的智性价值，笔者将自己粗浅的思考以十一篇文章汇集成书。由于艺术家的创造活动包含了思维、直觉和创造，所以，重要的不是这些形式分析是否接近艺术家在构思或设计上的绝对真实，而是让这些文字发挥引玉之砖的作用，让同好者在或肯定或否定它们的 argue（争论）中，激活我们眼睛在事物外观（appearance）中发现意义的能力。柏拉图曾言，智慧始于好奇。当我们对周遭的世界保持敏感、好奇和观察，新知将在求索中萌生。

　　由于时间仓促，错漏难免，敬请各方学者、专家不吝赐教，不胜感谢。

2024 年 4 月

图书在版编目（CIP）数据

风格即设计 / 杨帆著. -- 上海：上海书画出版社，
2025. 2.
-- ISBN 978-7-5479-3540-8

Ⅰ. TB21

中国国家版本馆CIP数据核字第2025FX7792号

风格即设计

杨 帆 著

责任编辑　袁　媛
审　　读　雍　琦　曹瑞锋
责任校对　朱　慧
技术编辑　包赛明
封面设计　刘　蕾
版式制作　袁晓洁

出版发行　上 海 世 纪 出 版 集 团
　　　　　上海书画出版社

地址　　上海市闵行区号景路159弄A座4楼　　201101
网址　　www.shshuhua.com
E-mail　shuhua@shshuhua.com
印刷　　上海雅昌艺术印刷有限公司
经销　　各地新华书店
开本　　787×1092　1/16
印张　　18
版次　　2025年5月第1版　2025年5月第1次印刷
书号　　**ISBN 978-7-5479-3540-8**
定价　　**168.00元**

若有印刷、装订质量问题，请与承印厂联系